CIENCIA en ACCION

Microordenadores
Helena Sturridge

Robots
Peter Marsh

Sistemas de sonido
Donald Aldous

Televisión y video
Helena Mintern

Gentileza de

CAJA DE AHORROS
DE CATALUÑA

Traducción: Dona Kelley

Editor de la edición original: Lesley Firth

Autores: MICROORDENADORES - Helena Sturridge
ROBOTS - Peter Marsh
SISTEMAS DE SONIDO - Donald Aldous
TELEVISION Y VIDEO - Helen Mintern

Ilustradores: Dave Etchell and John Ridyard
John Farman
Eric Jewell
Janos Marffy / Jillian Burgess
Mike Saunders / Jillian Burgess
Ron Jobson / Tudor Art Agency
Bill Le Fever / Linda Rogers Associates
Maltings Partnership

Composición, impresión y encuadernación:
Printer Industria Gráfica, S.A.
Provenza, 388 - Barcelona-25
Depósito legal: B. 7532-1984
ISBN 84-86054-19-2
Printed in Spain

Indice

Microordenadores

Presentación de los microordenadores 4
Códigos y lógica binarios 6
La máquina en acción 8
El chip de silicio 10
Fabricación de chips de silicio 12
Espacio de almacenamiento 14
Unidades de entrada 16
Más unidades de entrada 18
Dispositivos de salida 20
Más dispositivos de salida 22
Software 24
Programación 26
Trabajando con microordenadores 28
Glosario 108

Sistemas de sonido

Hi-fi y sonido estereofónico 56
Tocadiscos 58
Unidades de cassettes 60
Sintonizadores de radio 62
Amplificación y control 64
Altavoces y auriculares 66
Grabación en casa 68
Sonido digital 70
En el estudio de grabación 72
Cómo se fabrican los discos y las cassettes 74
Radiodifusión 76
Música en movimiento 78
Comunicaciones por radio 80
Glosario 110

Robots

Presentación de los robots 30
Anatomía de un robot 32
Robots industriales 34
Los robots se diversifican 36
La fábrica automatizada 38
Enseñando a los robots 40
Robots sensibles 42
Robots en movimiento 44
Robots en el espacio 46
Robots en la ficción 48
Robots inteligentes 50
Robots construidos por robots 52
El futuro del robot 54
Glosario 109

Televisión y vídeo

Avance de la TV y del Vídeo 82
El receptor de TV 84
Imágenes por el aire 86
En el plató del estudio 88
En la galería 90
Transmisión desde exteriores 92
Película y cinta vídeo 94
Satélites y cable 96
Adelantos de la TV 98
Grabadoras de vídeo y discos de vídeo 100
Confección de un vídeo: equipo 102
Confección de un vídeo: rodaje 104
Utilización del vídeo 106
Glosario 111

Presentación de los microordenadores

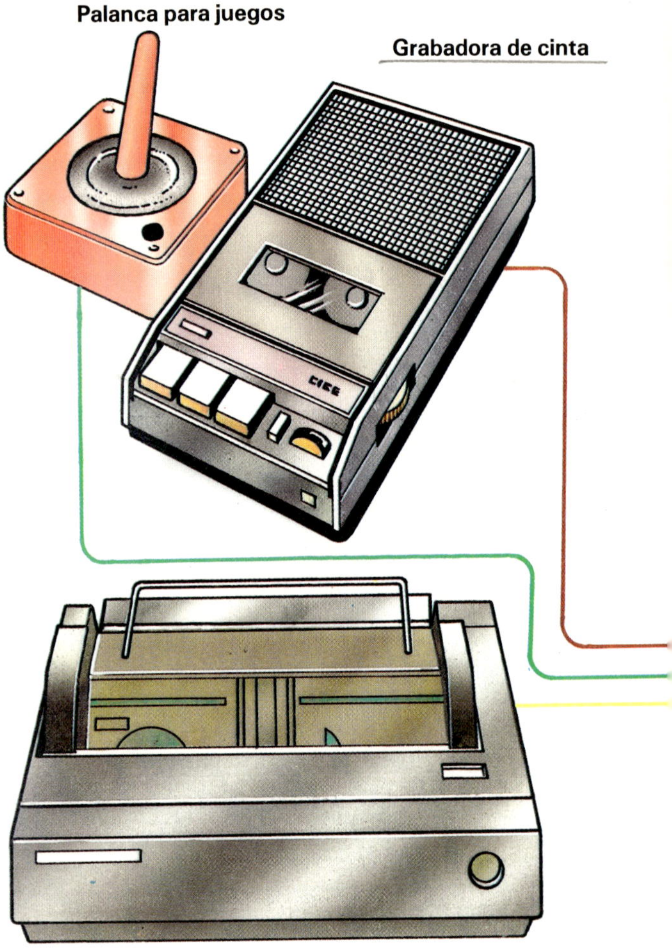

Hay millones y millones de ordenadores en el mundo. Algunos son enormes, cuestan una fortuna y pueden resolver problemas complejos como determinar la dirección en que el viento soplará mañana. Otros cuestan menos de cincuenta libras, y aun así pueden desafiar nuestro ingenio echando una partida con nosotros.

¿Son los ordenadores unos monstruos de ciencia-ficción, prestos a adueñarse del mundo, o unas máquinas estúpidas que envían facturas de consumo de gas a casas totalmente electrificadas? Ninguna de las descripciones es precisamente exacta.

Criados obedientes

Los ordenadores, una vez que se llega a conocerlos, hacen lo que se les ordena. Su gran talento reside en la capacidad de procesar información. Quiere esto decir que, proporcionándoles las cifras y las reglas que han de aplicar, ejecutan la tarea.

En lenguaje informático se diría que proporcionándoles los datos y un programa (las reglas que han de seguir) ejecutarán el proceso. Si se les da números para sumar, los sumarán con más rapidez y precisión que cualquier persona pueda jamás alcanzar. Si se prefiere que nos ayuden a trazar la mejor trayectoria a Marte, no hay más que instruirles de cómo hacerlo y lo harán con una minuciosidad que pocas personas igualarían. No es preciso saber cómo funcionan los microordenadores para poder usar uno. Pero si queréis averiguar lo que sucede con vuestras instrucciones y cómo se utilizan los datos, este libro os lo cuenta.

Micros, minis y ordenadores

Hay ordenadores de todos los tamaños. Los más pequeños son los microordenadores. Todos procesan información, pero cuanto más grande es el ordenador, más complicados serán los problemas que pueda resolver y más deprisa los resolverá. No es más que una diferencia de escala.

Partes de un microordenador

A primera vista un microordenador no parece gran cosa: unas cuantas cajas conectadas entre sí. Una se parece al teclado de una máquina de escribir y otra a una pantalla de televisión. Puede haber conectado un aparato de cassettes o de discos. Pero que no os engañe el aspecto sencillo de un microordenador. El exterior no revela los secretos internos de la máquina.

A un microordenador puede conectarse una serie casi ilimitada de periféricos. Aquí vemos una palanca para juegos, una pantalla, una grabadora de cinta (cassette) y unidades de disco, además, naturalmente, del teclado. Las impresoras son útiles para obtener anotaciones en papel, y los ''plotters'' producen diagramas en color. Los microordenadores pueden usarse incluso para manejar un brazo robótico.

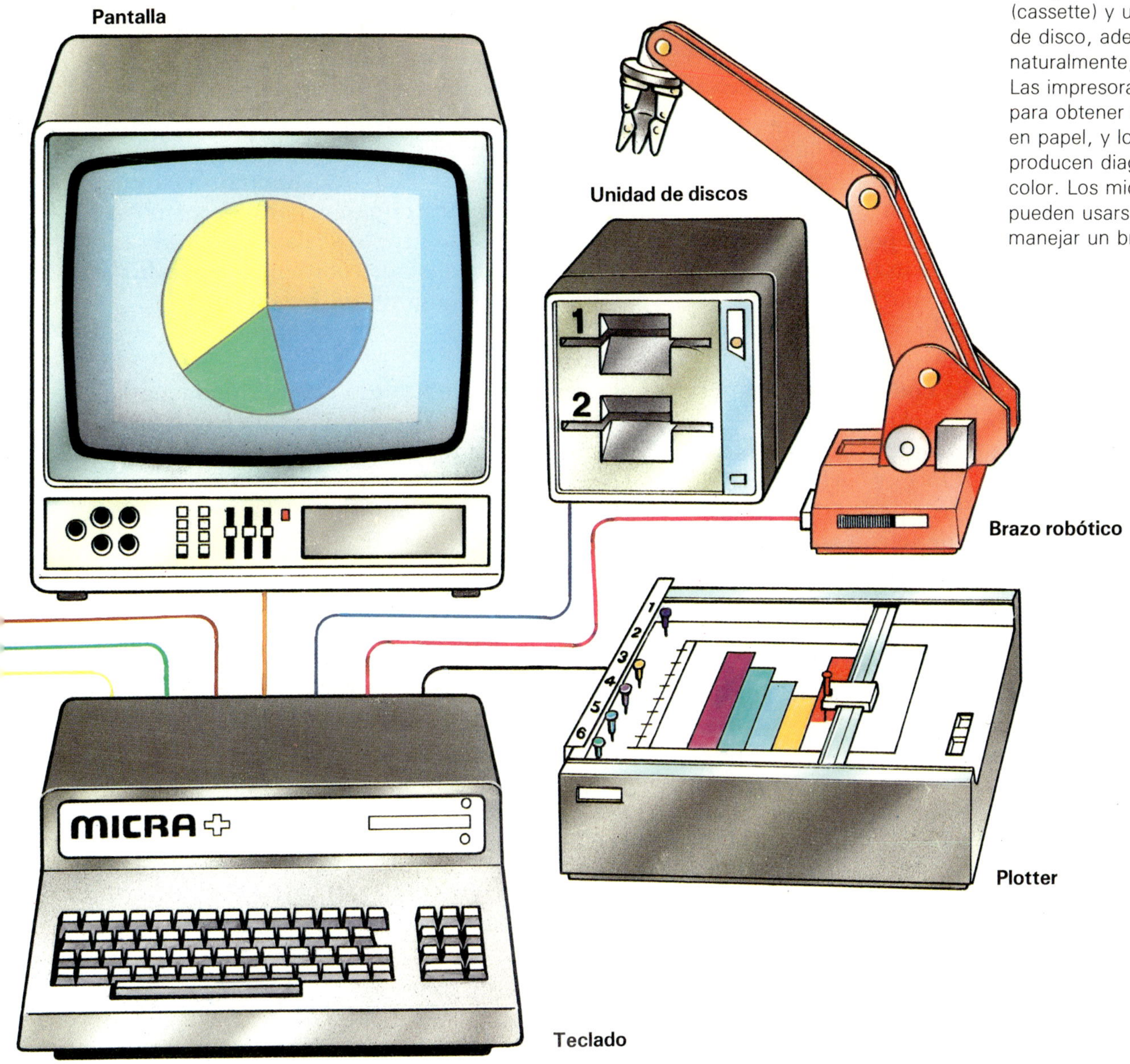

El «cerebro» de un microordenador, está escondido detrás del teclado. Se llama unidad central de proceso, CPU en abreviatura.

El teclado y la pantalla son los enlaces del microordenador con el mundo exterior. Teclead vuestras instrucciones y las respuestas aparecerán en pantalla. Esas otras piezas que están enchufadas son los periféricos. Los periféricos y la CPU constituyen el *hardware*.

Software y Programas

Para que funcione el hardware hay que darle las instrucciones precisas. Cada grupo de instrucciones para una tarea en particular es lo que se llama programa. Y todos los programas juntos forman el *software* del microordenador.

El software es lo que hace a la máquina capaz de jugar una partida o realizar unos cálculos. Cada tarea requiere un programa.

Códigos y lógica binarios

Para llegar a saber cómo funciona un microordenador es esencial comprender primero cómo maneja la información. La clave está en la electricidad, que se usa como elemento básico para crear un código. El código puede usarse para que represente números, letras o cualquier otra cosa. El código Morse usa luces que se encienden y se apagan en una secuencia de puntos y rayas para formar, por ejemplo, el S.O.S. Los microordenadores usan electricidad que está conectada o desconectada. Las distintas secuencias representan palabras o números.

Encendido o apagado: El código binario

En cierto modo el hardware del microordenador ha sido diseñado para reconocer y tratar dos cosas: ENCENDIDO (ON) y APAGADO (OFF). Sólo tiene estas dos opciones entre las que distinguir. Son la base de su código binario.

En la realidad es difícil estar seguro de que no hay absolutamente ninguna electricidad, o voltaje, de manera que la mayoría de las máquinas se arreglan con la diferencia entre un voltaje más alto y otro más bajo. El voltaje alto se interpreta como encendido, y el más bajo como apagado. Suelen representarse por 0 («apagado») y 1 («encendido»). Dentro del microordenador, todo está traducido a un código compuesto de estos ceros y unos.

Bits y bytes

Cada 1 ó 0, encendido o apagado, se llama bit. No hay sitio para un código en un solo bit. Así que, como en el Morse, los bits se agrupan. Un grupo de ocho bit se llama byte (un byte suele bastar para una sola letra del alfabeto). Pero no hay reglas fijas, y diferentes microordenadores prefieren diferentes tamaños para los grupos de ceros y unos. Estos grupos se llaman «palabras». La mayoría de los microordenadores utilizan palabras del tamaño de un byte.

Aritmética

Una vez que todo ha sido traducido al lenguaje binario de la máquina, queda ahora poder trabajar con él. Los números binarios pueden sumarse y restarse igual que los decimales. Puede parecer extraño, pero las respuestas son las mismas. Por ejemplo, 10 + 11 = 101 en binario.

Todo lo que hay que recordar sobre el código binario es que sólo hay dos símbolos o dígitos: 0 y 1. Con el sistema decimal se trabaja con diez dígitos, del 0 al 9. En el sistema binario cada vez que se pasa de 1 hay que llevar uno a la columna siguiente, de la misma manera que en decimal cuando se pasa de 9.

El enfoque lógico

Pero los microordenadores no se detienen en los

◀ Los microordenadores lo tratan todo (números, letras, instrucciones) por medio de voltajes eléctricos. Imaginadlos como bombillas que están encendidas para representar un 1, y apagadas para representar un 0. Una fila de bombillas formaría un código según cuáles estuvieran encendidas o apagadas.

Binario y Decimal

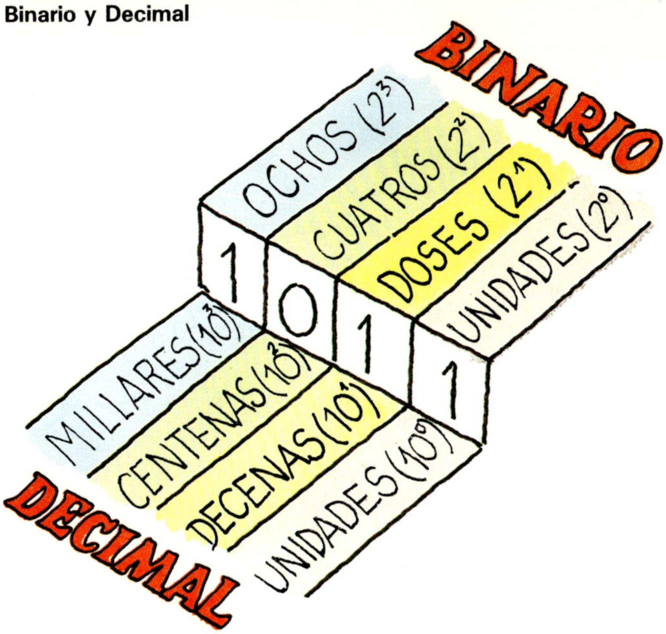

◀ Los números decimales emplean diez dígitos, del 0 al 9. Cada columna vale diez veces la anterior. Así, pues, hay unidades, decenas, centenas y millares. Con el binario se avanza en escalones de dos, puesto que sólo hay dos dígitos. Así, las columnas representan unidades (2^0), doses (2^1), cuatro (2^2), ochos (2^3) y así sucesivamente. Números que parecen el mismo en binario y en decimal pueden representar cosas muy diferentes.

▶ La traducción de binario a decimal no es difícil una vez que se coge el truco. Aquí vemos la equivalencia de 0 a 10.

El enfoque lógico: Mudanza

Si el camión es demasiado alto O demasiado ancho no puede pasar.

Habrá que volverse atrás si el propietario anterior NO se ha mudado todavía.

Si se tiene un camión Y un conductor, se puede seguir.

números sino que también toman decisiones. Lo hacen siguiendo reglas preestablecidas de lógica llamadas Álgebra de Boole, las cuales descomponen las decisiones en una serie de preguntas cuya respuesta es sí o no. Si se cumplen ciertas condiciones, tenemos un SÍ, o CIERTO. Si no se cumplen, tenemos un NO, o FALSO. Esta es otra clase de código binario con sólo dos opciones entre las que elegir.

Hay tres tipos principales de decisión, conocidos como Y (YES), O (OR) y NO (NOT). Imaginad que tenéis que mudaros de casa. Para empezar necesitáis un camión Y un conductor para transportar los muebles. Si podéis responder «sí» a ambas cosas, adelante. En el camino hay que pasar un puente bajo y estrecho. Si el camión es demasiado alto O demasiado ancho, no podrá pasar. Pero si llegáis a la nueva casa, tendréis que volveros si el anterior propietario NO se ha ido todavía.

La máquina en acción

La presencia o ausencia de voltajes eléctricos y el código binario explican cómo un microordenador conserva hechos y cifras. Pero ¿cómo trabaja con ellos la máquina? La máquina tiene tres partes diferentes unidas entre sí. No siempre están en cajas separadas, pero realizan trabajos distintos.

Todo microordenador necesita dispositivos de entrada y salida para conectar la máquina con el mundo exterior. Pueden ser un teclado y una pantalla, por ejemplo. También son esenciales las memorias y dispositivos de almacenamiento para conservar toda la información a utilizar. Las unidades de entrada, salida y memoria copian, trasmiten y almacenan los bits binarios que reciben.

Sólo en la CPU, unidad central de proceso, se realiza trabajo real con la información. La CPU ejecuta el proceso, suma o resta según que se necesite.

El diagrama de la derecha explica cómo actuaría una CPU para sumar dos números. La máquina debe tener ya cargado un programa que le diga cómo se suman los números, y hay que suministrarle los dos números mediante el teclado.

Dentro de la CPU

La fuerza controladora de la CPU es el «reloj» que emite una señal regular millones de veces por segundo. Sobre esa base la máquina programa y ordena cada uno de sus pasos.

El punto de partida es el contador de programas, éste es uno de los muchos espacios de memoria de la CPU que contiene ciertos bits de información.

El contador de programa siempre contiene la «dirección» de la información que se necesitará en el paso siguiente.

En este ejemplo manda a buscar la instrucción en la memoria. Lo que encuentra allí pasa al registro de instrucciones y de allí al descifrador de instrucciones.

El descifrador de instrucciones prepara los circuitos de la unidad aritmética y lógica (en abreviatura, ALU) para la suma. En la ALU es donde se hace realmente el proceso.

Mientras tanto el contador de programa tiene preparada la «dirección» de la siguiente información. Es el primer número que se ha tecleado. Éste se lleva al registro de datos (ya que esta vez se trata de datos y no de instrucción). El mismo proceso se repite para el segundo número.

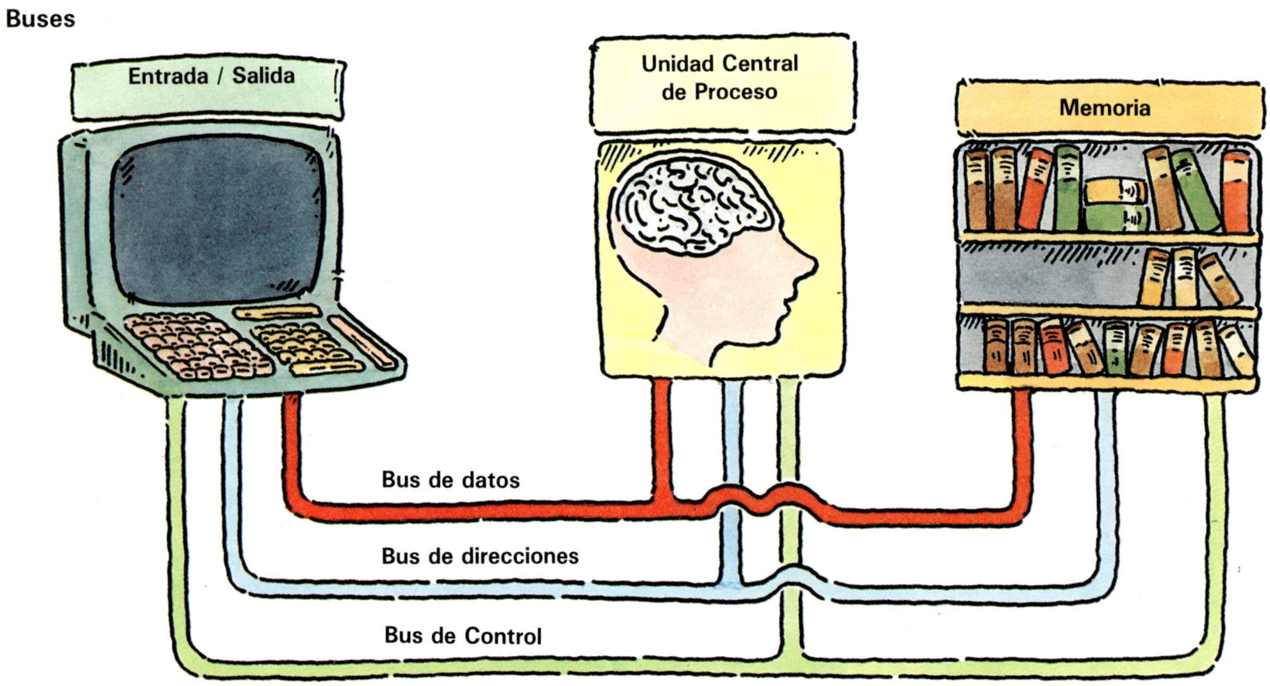

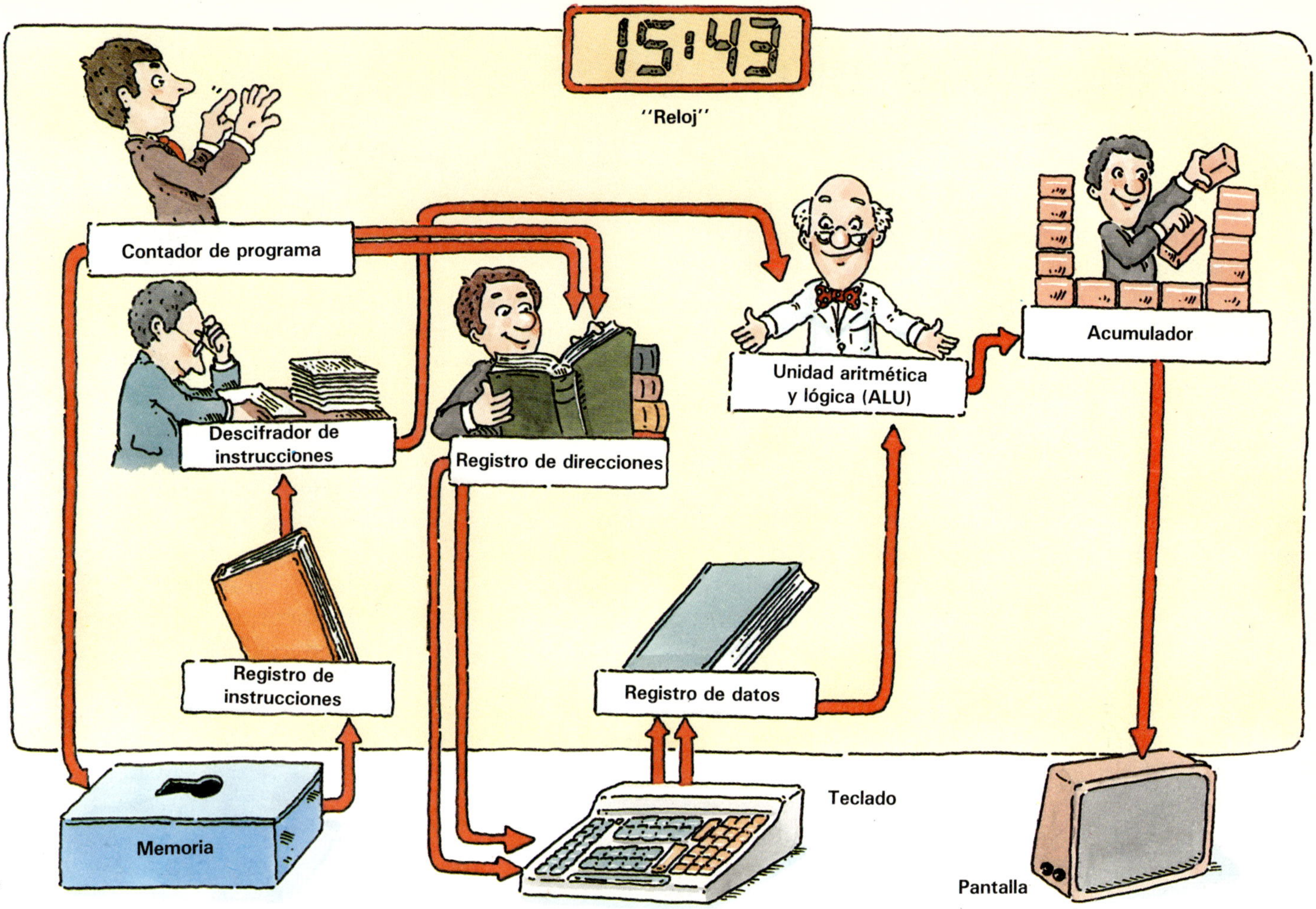

La Unidad aritmética y lógica

Hasta ahora los números han pasado de un sitio a otro y se han copiado, pero no se han cambiado. Sólo en la ALU pueden procesarse. Una vez hecho esto (en este caso la suma), los resultados pasan al acumulador, que es un espacio de memoria temporal, usado mientras la máquina espera que le digan qué hacer con la respuesta (mostrarla en pantalla, por ejemplo).

Cada etapa de este cálculo invierte fracciones de segundo. El microordenador ejecuta las tareas que tiene asignadas, paso a paso. Cada manojito binario de información debe ser mantenido en orden y guardado en el rincón apropiado de la memoria, listo para encontrarlo cuando la máquina lo necesite.

◀ Todos los microordenadores tienen sus tres partes unidas mediante canales llamados buses, a través de los cuales puede pasar información.

▶ Nada se olvida. La memoria almacena todos los 0 o 1 en un sistema análogo a un casillero numerado, cada casilla con su propia dirección.

El chip de silicio

No puede hacerse gran cosa con un microordenador sin encontrarse con el chip de silicio. Son los circuitos electrónicos que almacenan y procesan la información que pasa por el microordenador en código binario. Los chips tienen varias formas diseñadas para hacer cosas diferentes. Unos almacenan información y otros la procesan.

Los chips de proceso se necesitan en la CPU, donde aplican las reglas del Álgebra de Boole y de la aritmética a circuitos eléctricos. Esto se hace construyendo interruptores eléctricos que forman las llamadas puertas lógicas. Estas puertas transmiten o cambian los 0 y 1 eléctricos que pasan por ellas, de acuerdo con las reglas establecidas.

Puertas AND (que significa «y»)

Sí, por ejemplo, la pregunta es si podéis o no salir hacia la nueva casa, las condiciones requeridas son el camión y el conductor. En todas las puertas AND, debe haber sitio para dos señales de entrada.

La primera responde a la pregunta «¿Hay camión?» Para «sí» pasa la señal 1. Para «no», la señal 2.

La segunda señal responde a la pregunta «¿Hay conductor?» De nuevo tendremos 1 para «sí» y 0 para «no». La puerta está preparada de manera que si entran dos 1, saldrá un 1. En el ejemplo, esto significaría que podemos salir hacia la nueva casa. Si hubiera un 1 y un 0 (un «sí» y un «no») de entrada, saldría un 0. Sin conductor (o sin camión), no se puede salir.

Puertas OR (o) y NOT (no)

Las puertas OR funcionan de manera algo diferente. Siempre producirán un 1 («sí») de salida si cualquier de los dos canales de entrada lleva un «sí». Los circuitos NOT sólo tienen un canal de entrada e invierten automáticamente la señal. Si entra un 1 («sí») sale un 0 («no»).

Semisumadores y sumadores

Los diagramas de la página contigua muestran que estas puertas AND, OR y NOT se combinan produciendo circuitos aritméticos. Se usan los mismos interruptores electrónicos, pero dispuestos para producir diferentes resultados.

Semiconductores y silicio

Los chips están hechos de silicio. El silicio es un semiconductor, lo que significa que normalmente es mal conductor de la electricidad. Pero si se mezclan con el silicio pequeñas cantidades de otros materiales (como el boro o el arsénico) puede transformarse en conductor. A esto se le llama «drogar» el silicio.

Los chips de silicio están constituidos por varios componentes eléctricos: transistores, condensadores y reóstatos. Se incorporan a la superficie del silicio tratando porciones del mismo para crear los efectos eléctricos correctos. Así es posible controlar la corriente, estableciendo las puertas requeridas por la máquina.

Corriente unidireccional

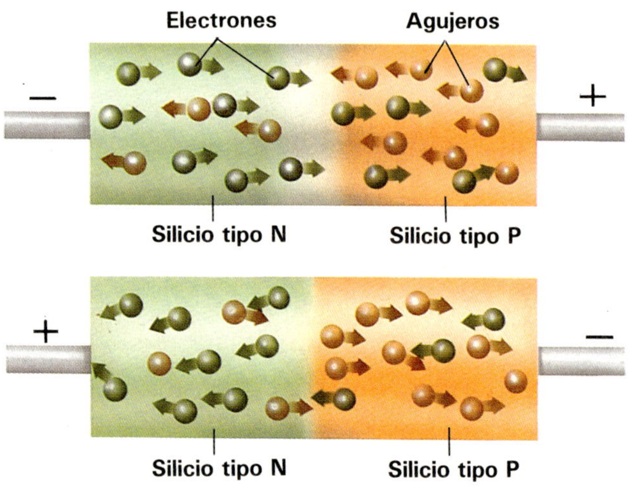

▲ El silicio de los chips es tratado para producir áreas de silicio cargado positivamente (tipo P) y negativamente (tipo N). Al tipo P le faltan electrones, creando "agujeros", pero el tipo N tiene electrones de sobra. En el diagrama superior circula la corriente. Los electrones se desplazan del silicio tipo N al silicio tipo P, y los agujeros del tipo P al N. En el diagrama inferior, la corriente apenas se mueve porque los agujeros y los electrones son retenidos en sus propias áreas. Esto significa que la corriente puede circular en una sola dirección.

Semisumador

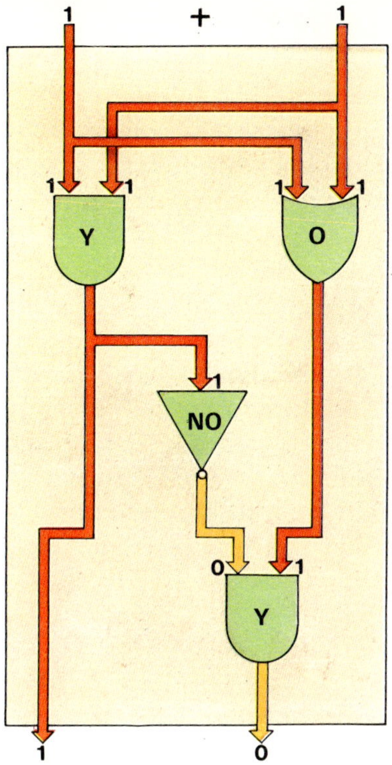

Sumador

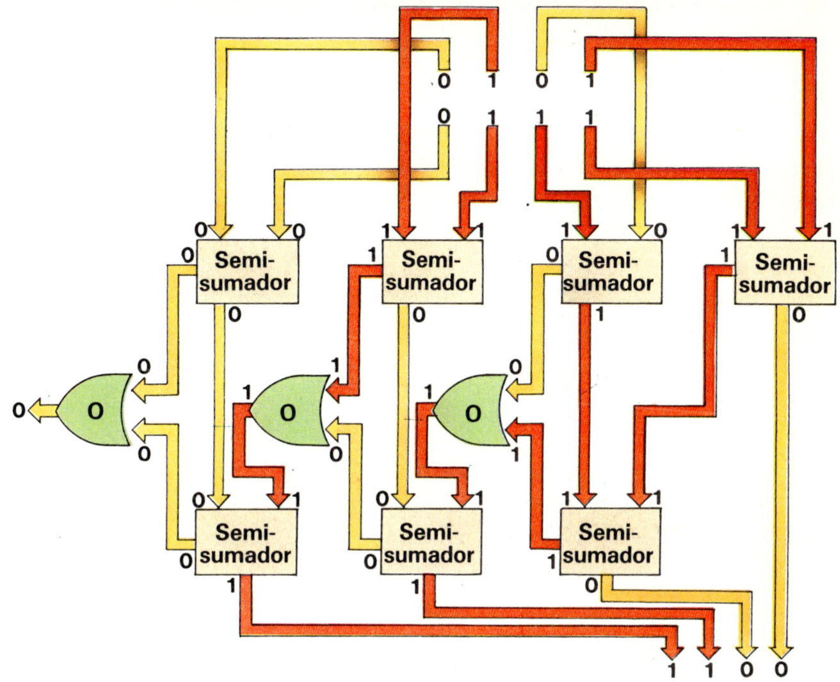

▲ El semisumador toma dos dígitos binarios (en este caso 1 + 1) y los suma, teniendo en cuenta lo arrastrado. Para obtener la respuesta (10), le señal pasa por una serie de puertas.

▲ En este diagrama de un sumador, se suman dos palabras de cuatro bits (0101 y 0111). En este caso se combinan varios semisumadores para producir los resultados correctos.

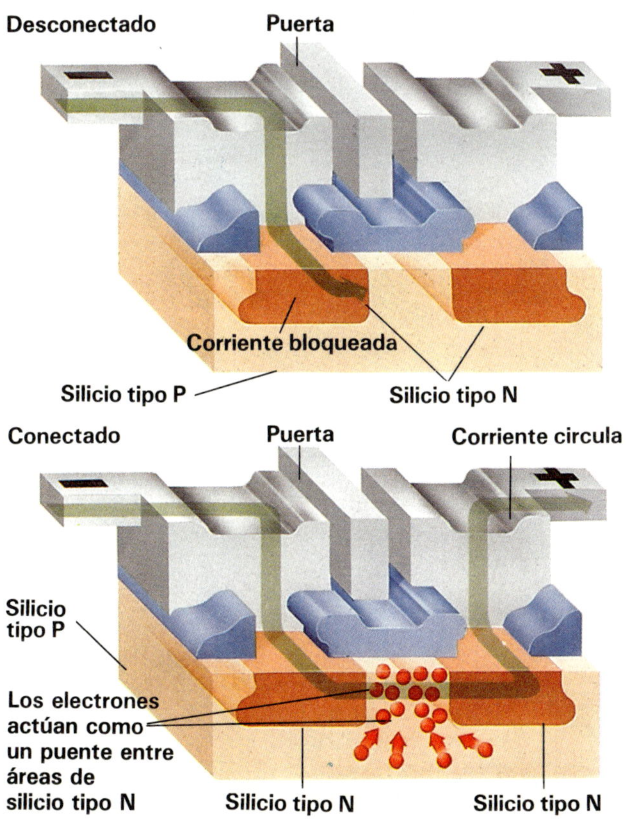

◀ Los chips de silicio pueden controlar el flujo de la corriente actuando como interruptores o transistores. En el diagrama superior el interruptor está ''desconectado'' y la corriente está bloqueada. En el inferior, el interruptor está ''conectado'' y la corriente circula.

▲ Este es un pequeño microordenador en un solo chip. Tiene miles de circuitos. Algunos actúan como espacios de memoria. Otros se dedican a procesar la información.

Fabricación de chips de silicio

El primer paso para fabricar un chip es obtener un diminuto cristal de silicio puro. Éste se usa para formar uno grande, calentándolo en un horno a temperaturas muy altas. A continuación ese cristal de bordes irregulares se pule formando un bloque cilíndrico liso.

El bloque de silicio se secciona en obleas de 10 cm de diámetro y menos de 0,25 mm de espesor. En la superficie de cada oblea se dibujan más de 250 chips diferentes.

Enmascaramiento y tratamiento

Los circuitos se incrustan en la superficie del silicio tratando el cristal puro con impurezas aplicadas en los lugares adecuados. Esto se consigue empleando una serie de máscaras fotográficas. En cada una de éstas se dibuja el trazado exacto de los circuitos del chip.

Las máscaras se usan con un fotorresistente, que es una sustancia plástica que se endurece sólo bajo el efecto de la luz ultravioleta. La oblea se cubre con dióxido de silicio, luego con fotorresistente blando y la máscara se coloca encima. Se somete la oblea a luz ultravioleta. Las partes expuestas a la luz quedan fijas en el fotorresistente al endurecerse.

Bajo la máscara, donde no llega la luz, el fotorresistente se queda blando y es retirado, dejando un dibujo de fotorresistente endurecido idéntico a la máscara. Entonces se sumerge la oblea en ácido que diluye las áreas expuestas de dióxido de silicio. Se quita el fotorresistente, dejando la oblea marcada con los lugares donde debe ir la primera capa de tratamiento. Usando diferentes máscaras, se va creando en la oblea capa tras capa.

Prueba

Una vez que las capas han sido colocadas en la superficie hay que probar los chips. Si una máscara está ligeramente fuera de lugar, las capas no conectarán adecuadamente.

La oblea se descompone entonces en chips aislados. Éstos son inspeccionados al microsco-

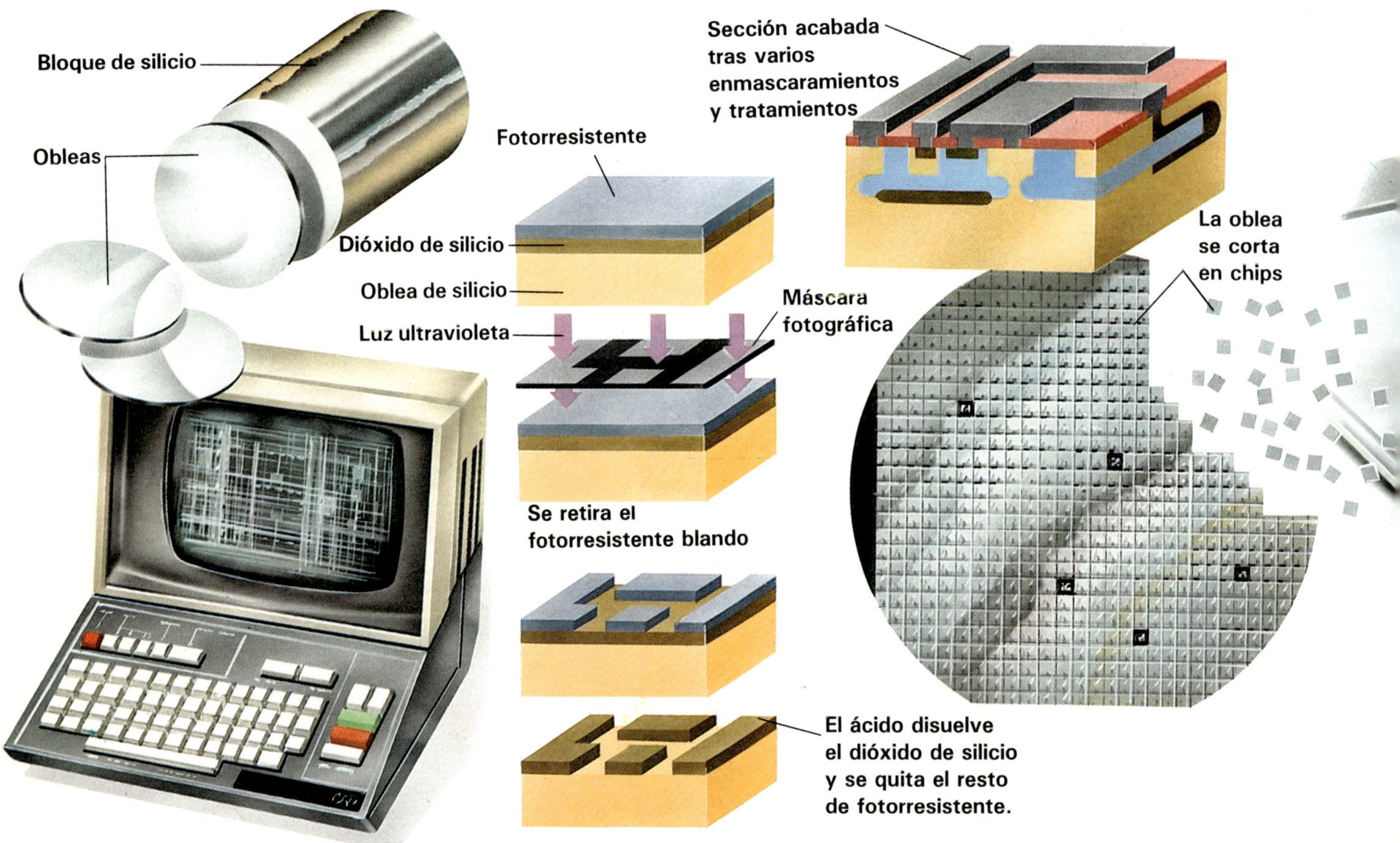

pio. Finalmente se dota a los diminutos chips de silicio con conexiones de hilo de oro y se montan en bastidores de plástico.

Variedad de chips

Hay cientos de clases diferentes de chips. Los microprocesadores completos son probablemente los chips más complicados. Están diseñados para hacer el trabajo de la CPU, y por lo tanto tienen puertas lógicas, registros y espacios de memoria en su superficie. Las memorias de acceso al azar o RAM (Random-Acces Memories), están diseñadas para actuar como la memoria principal de un microordenador.

Otra variedad son los ROM (Read-Only Memories) o memorias sólo de lectura. Están preparadas para registrar y conservar una cierta disposición de 0 y 1. Una vez programada, una ROM nunca olvidará la información que se le ha dado. Las ROM son útiles para los programas básicos que se usan repetitivamente en una máquina. Aunque la mayoría de los microordenadores están compuestos por varios chips enlazados, es posible construir un microordenador entero (con CPU y memorias RAM y ROM) en un solo chip.

▲ El bloque de silicio, en forma de salchicha, se corta en obleas que contienen 250 o más chips cada una. Los chips son probados cuando están terminados.

▼ En una fábrica de chips todo el mundo tiene que ir vestido como si estuvieran en un hospital para mantenerlo todo limpio. Una mota de polvo podría estropear un chip.

Espacio de almacenamiento

La memoria principal, constituida por un chip RAM, se sitúa al lado de la unidad central de proceso del microordenador. Contiene toda la información necesaria para hacer funcionar un cierto programa, manteniendo los datos y las instrucciones del programa preparados para el procesador central.

Las memorias principales tienen desventajas. Si se desconecta la electricidad lo olvidan todo. Además, aunque puedan tener suficiente espacio para el programa que se esté usando, pronto se llenan. La mayoría de los usuarios de microordenadores pueden recurrir a cintas, discos flexibles (*floppy disks* o *diskettes*) o discos duros (*hard disks*) como dispositivos de almacenamiento. Pueden contener todos los programas y datos, con o sin suministro eléctrico.

Como ya hemos visto, los ordenadores funcionan en código binario. Éste es traducido por ellos en señales electrónicas que son «conectado» (*on*) para 1 o «desconectado» (*off*) para 0. Los dispositivos de almacenamiento deben, pues, ser capaces de registrar estas secuencias de 0 y 1, y a la vez mantenerlos en el orden y posición correctos.

Cada dispositivo de almacenamiento lo realiza por medio del magnetismo. Los discos y cintas están fabricados de plástico recubierto magnéticamente. El microordenador magnetiza pequeños puntos en su superficie. Si los puntos están magnetizados en un sentido, significan 0. Si están magnetizados en el otro sentido, significan 1. Los puntos permanecen invariables hasta que se hace algo para magnetizarlos en una dirección diferente.

Conservación en cinta

Las cintas son el método más barato de almacenar programas y datos. Los puntos magnéticos se sitúan en filas a lo largo de la cinta. Son muy útiles cuando la memoria es suficientemente grande para contener los programas en uso, y se necesita espacio para almacenar información cuando la máquina está desconectada.

Las cintas tienen inconvenientes si se quieren usar programas más grandes o realizar tareas más complicadas. Funcionan en serie: hay que empezar por el principio de la cinta y avanzar a lo largo de ella. Esto va bien para grabar

Diskettes

▼ Los diskettes o floppy disks son de varios tamaños y pueden contener hasta 360 kilobytes de información

▼ El diskette gira dentro de la unidad de disco mientras la cabeza oscila a lo largo de la ventana presta a recoger la información

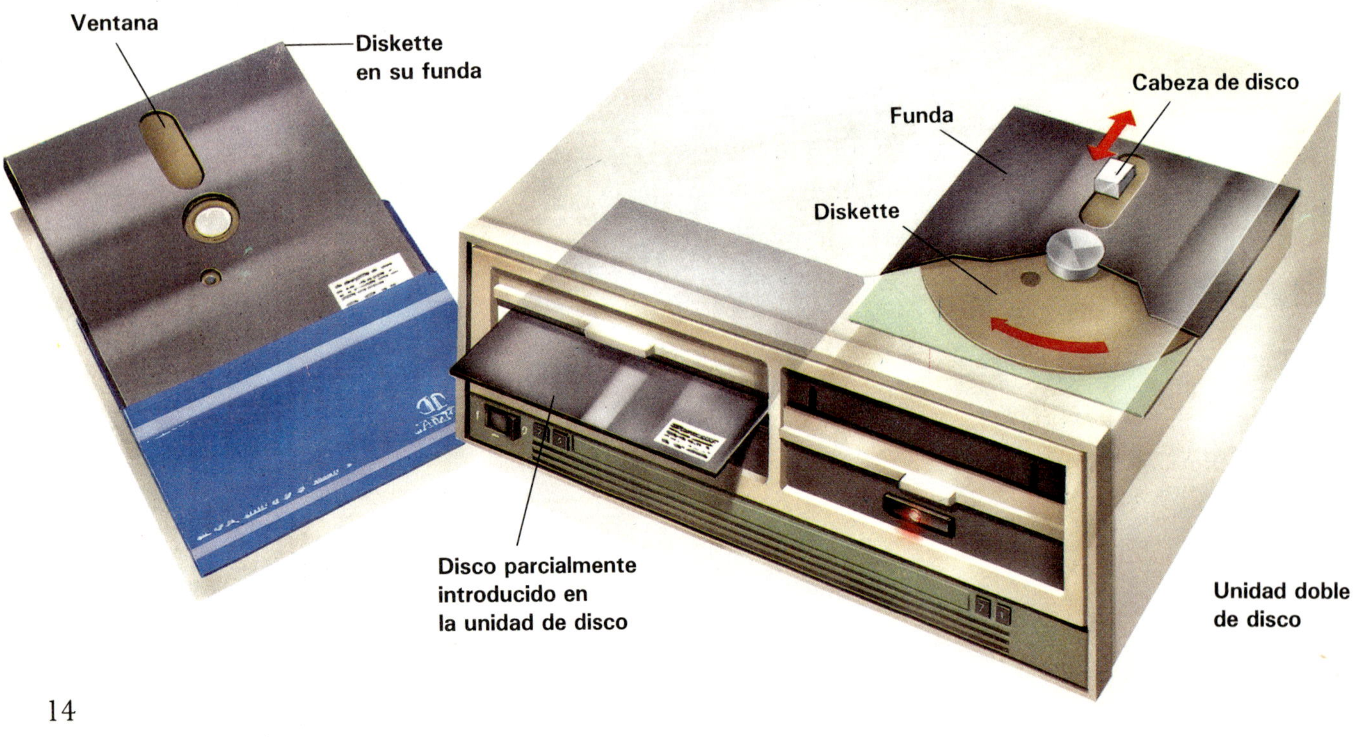

música, pero no es tan útil con los microordenadores si las porciones de información que se necesitan están desparramadas por toda la cinta.

El otro problema de las cintas es que los cassettes a veces no tienen la precisión que necesitan los microordenadores. Un 0 o 1 binario borroso confundirá al microordenador.

Discos flexibles y discos duros

Los discos flexibles (*diskettes* o *floppy disks*) están fabricados con el mismo plástico recubierto de aleación magnética y parecen discos de 45 rpm permanentemente metidos en su funda. La superficie de cada disco está marcada con bandas circulares. Los puntos magnéticos son colocados en ellas por la cabeza suspendida sobre la ventana de la funda, que busca hasta que tiene debajo el punto exacto.

Los discos duros (*hard disks*) al contrario que los flexibles, están apilados y sellados dentro de unas cajas. También se les llama «Mini-Winnies» porque son unas versiones reducidas de las unidades de disco Winchester que se inventaron para los grandes ordenadores. En su superficie va el mismo tipo de bandas que en los discos flexibles, pero los duros son más rápidos y pueden contener mucha más información.

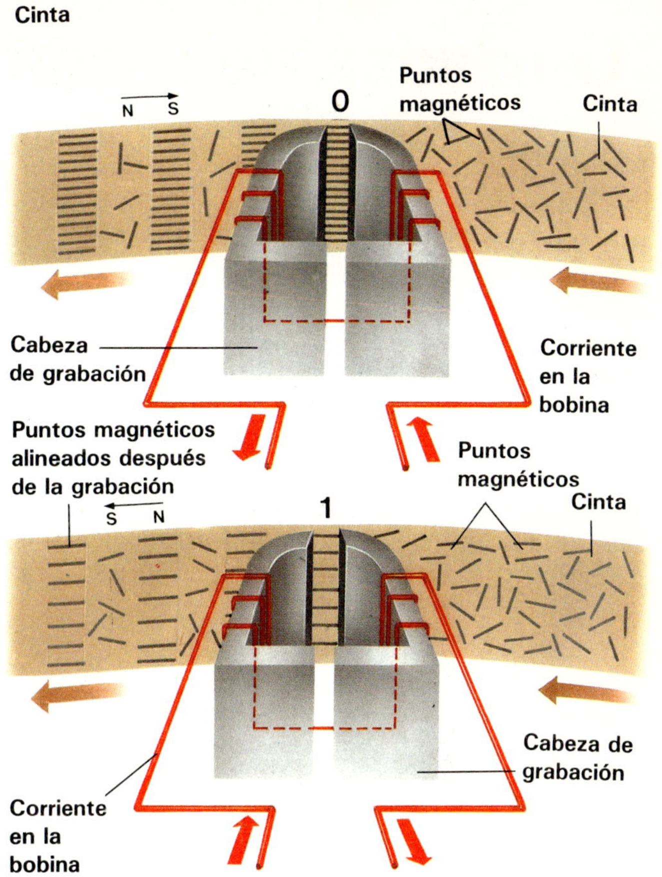

▲ Las cintas almacenan información en forma de minúsculos puntos magnetizados, colocados en la superficie de la cinta por la cabeza grabadora del cassette. La corriente circula por la cabeza en una dirección para producir un 0 (arriba) y en la dirección contraria para producir un 1 (abajo).

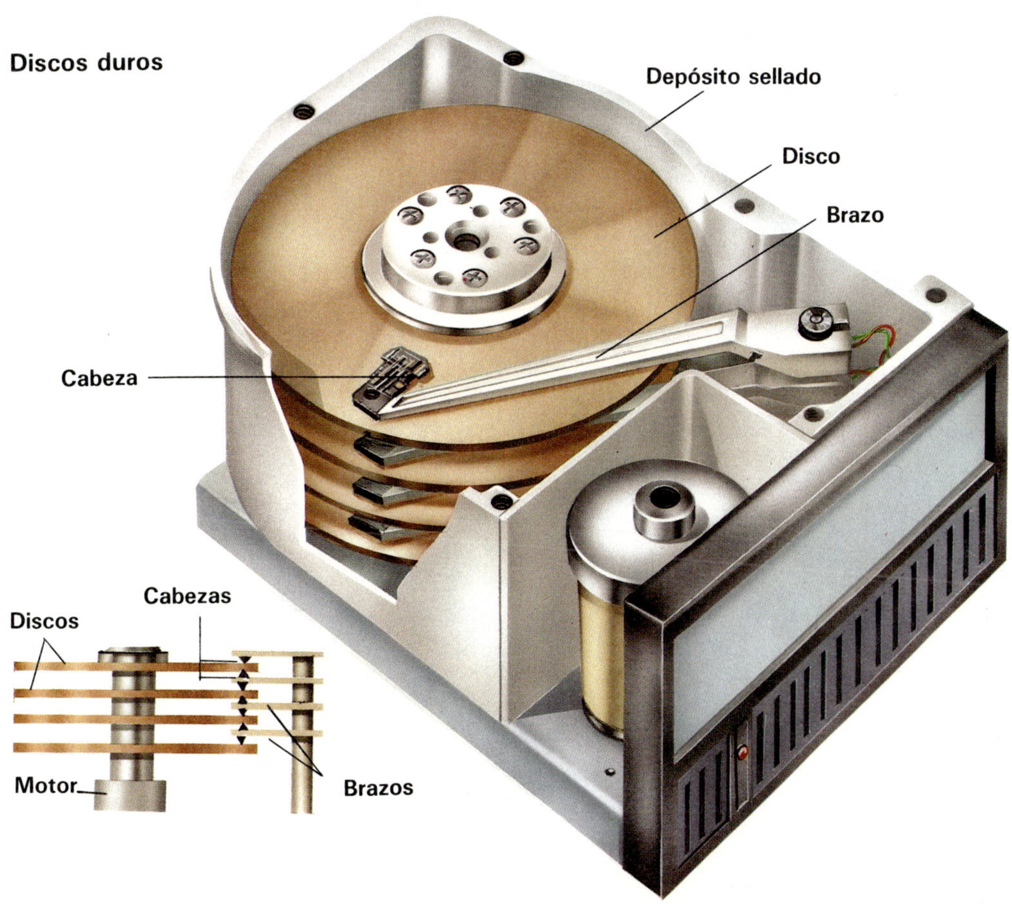

◀ Los discos duros pueden contener hasta 30 millones de bytes de información. Están sellados en sus cajas y van más deprisa que los diskettes. Para cada disco hay una cabeza.

Unidades de entrada

Las partes importantes del microordenador, la unidad central de proceso y la memoria principal, son muy pequeñas. Entran en una pequeña tablilla de circuito impreso. La mayor parte del volumen del microordenador son la pantalla, el teclado, y las unidades de entrada y salida. Los teclados, por ejemplo, han de construirse a la escala de las manos y dedos humanos.

El teclado

El teclado suele estar dispuesto como el de una máquina de escribir para facilitar la localización de las letras, pero los teclados de microordenador son más complejos. La máquina necesita saber, por ejemplo, cuándo se está escribiendo la palabra «print» en una frase inglesa y cuándo se pretende dar la instrucción «Print».

Así pues, las letras y números normales de la máquina de escribir se suplementan con teclas especiales para dar instrucciones a la máquina. Podría haber un botón para cada instrucción que se quisiera dar, pero el teclado resultaría muy grande y confuso, de manera que en cambio se utilizan combinaciones de teclas. Una combinación, por ejemplo, convertirá el teclado de letras ordinarias al de símbolos gráficos. Así se producirán sobre la pantalla puntos en lugar de letras, de la misma manera que cuando se aprieta la tecla de las mayúsculas en una máquina de escribir todos los caracteres pasan a ser mayúsculos.

De letras a bits binarios

Todo lo que se hace en el teclado es entendido por el microordenador en bits binarios. Bajo las teclas hay una enrevesada malla de hilos. Al apretar una tecla, un contacto metálico situado debajo de ella toca un punto de la malla. El microordenador averigua dónde se cruzan los hilos. Él sabe que en ese punto debe entender un determinado código de bits. Las letras ordinarias, los números y las órdenes son traducidos inmediatamente al lenguaje, o código, preferido por la máquina.

▶ El teclado es el procedimiento más común para dar información cuando hay números y letras. Exteriormente parece una máquina de escribir. Debajo hay contactos eléctricos que lo traducen todo a binario para el microordenador.

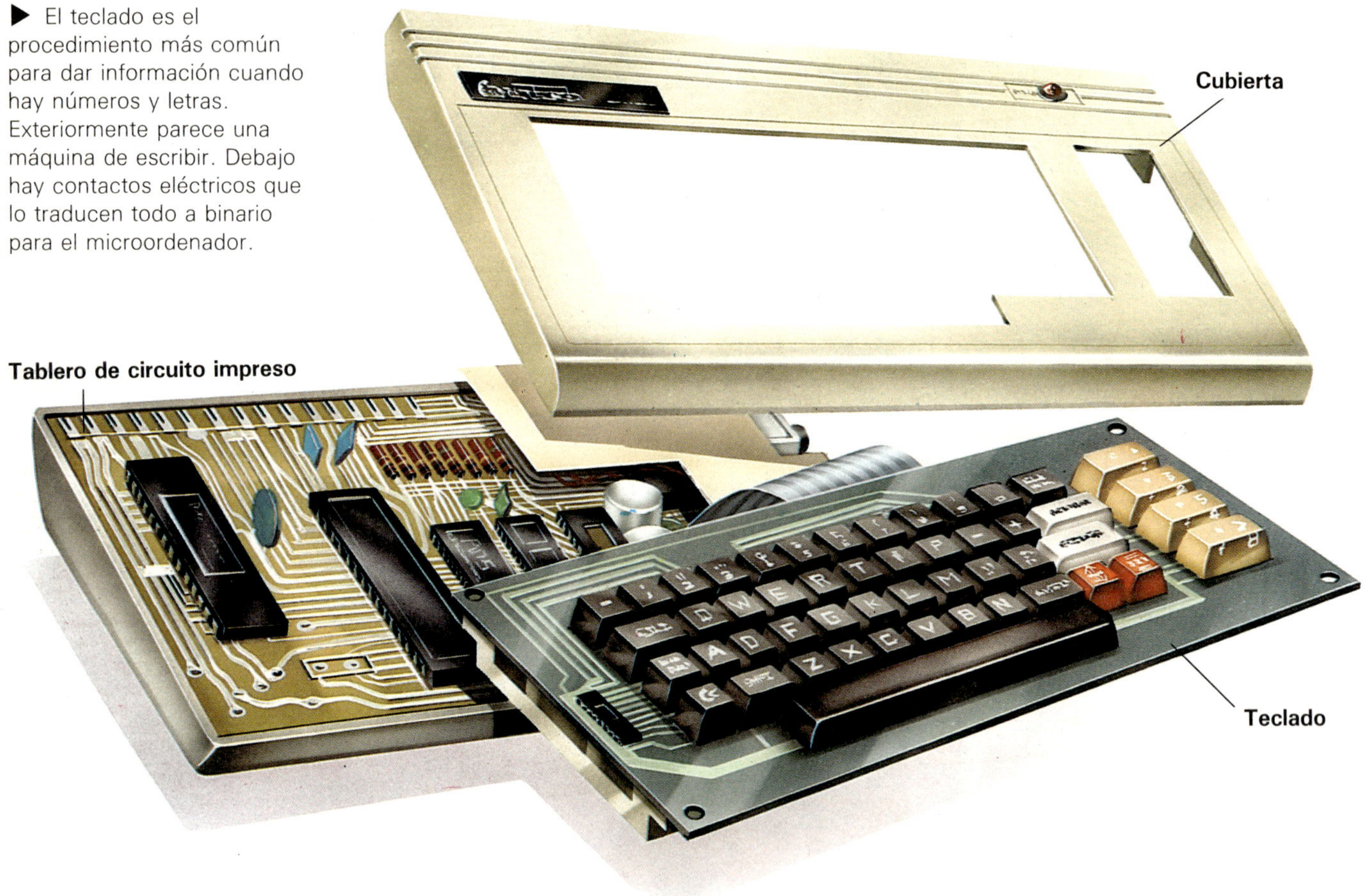

Palanca de juego

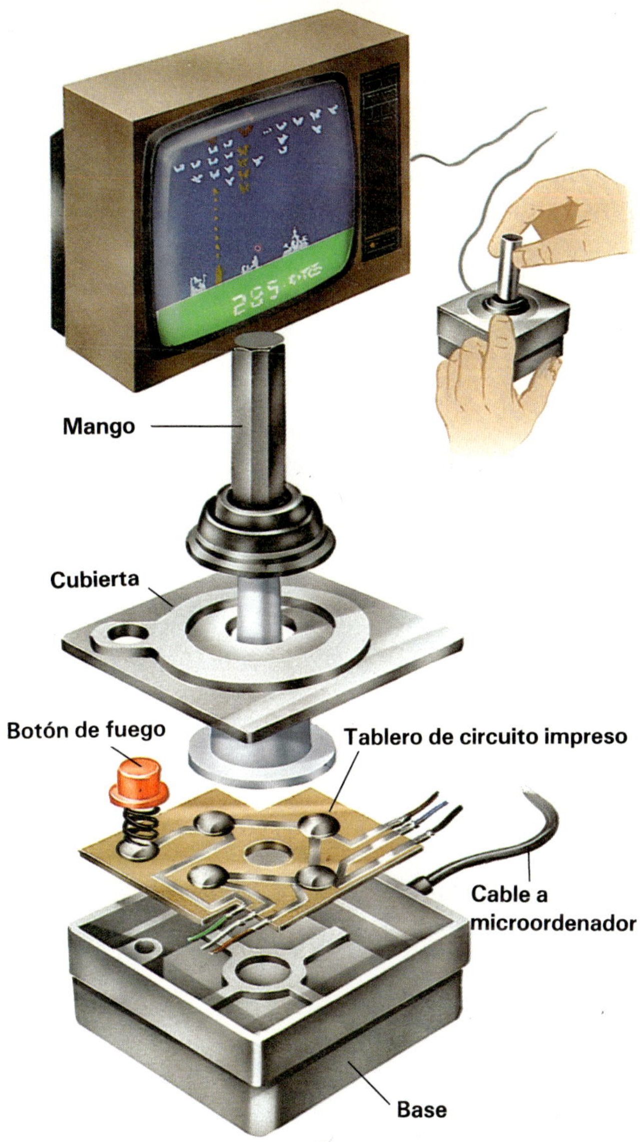

Lápiz luminoso

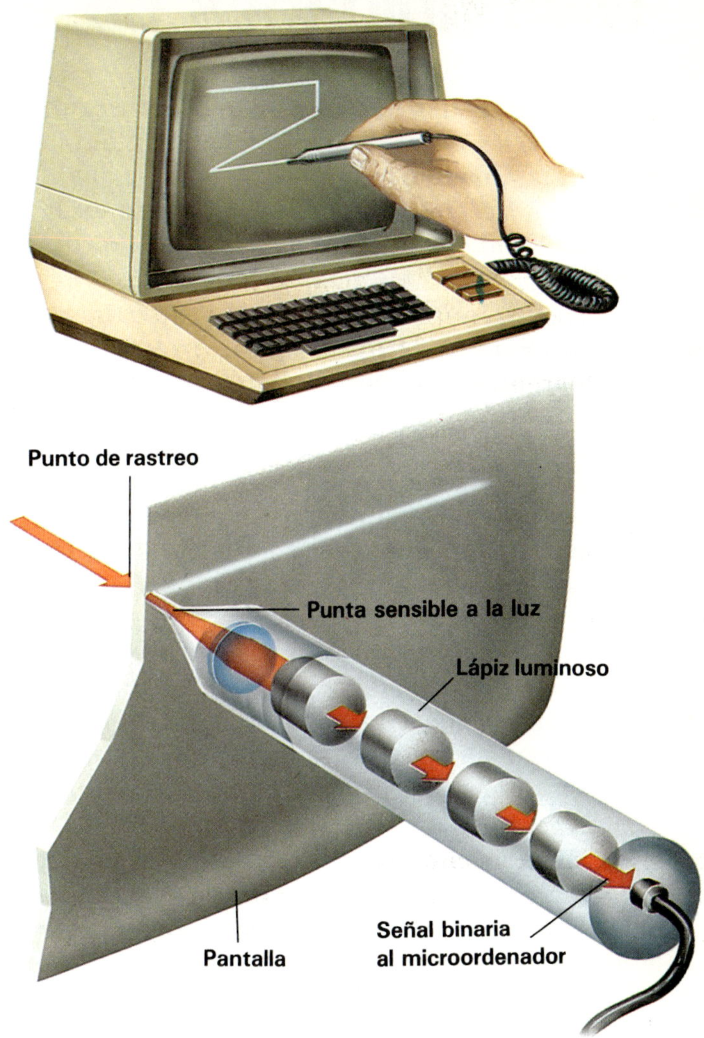

◀ Al empujar la palanca hacia adelante se unen dos contactos en la base. El microordenador debe estar programado para interpretar esto como un movimiento hacia adelante.

▲ La punta del lápiz luminoso reconoce el punto de rastreo cuando éste se ilumina. En el mismo instante envía un mensaje binario al microordenador.

Palancas de juego y lápices luminosos

El teclado no es más que uno de los procedimientos para dar información al microordenador. Para jugar a los invasores espaciales es mucho más fácil guiar los aparatos con algo que refleje el movimiento en la pantalla. Para eso sirven las palancas de juego. Al moverla en su rótula, los movimientos son traducidos a instrucciones binarias que significan arriba, izquierda, abajo. Cuando llega el momento de disparar, el botón que se aprieta desencadena la serie de puntos de la explosión.

El lápiz luminoso es otra alternativa al teclado. Puede usarse para contestar preguntas o para dibujar líneas en la pantalla.

El lápiz luminoso funciona porque un punto brillante de luz detrás de la pantalla avisa a la punta de la pluma, sensible a la luz. El punto, llamado de rastreo, se mueve ordenadamente por detrás de la pantalla. Por ello el microordenador puede averiguar dónde estaba el punto cuando la punta de la pluma fue alertada. Según cómo se haya programado el microordenador, puede iniciarse una cierta acción.

Más unidades de entrada

Al microordenador le da igual cómo conseguir su información. Pero es útil que tenga un punto de entrada (una toma especial) de manera que el dispositivo de entrada pueda enchufarse en la parte adecuada de la electrónica del microordenador.

Coincidencia en la interfaz

También es esencial que el microordenador y el dispositivo de entrada usen el mismo sistema de codificación. Por ejemplo, no sirve de nada que el dispositivo emita una serie de 1001110 para significar un punto y aparte si el microordenador usa una combinación diferente de 0 y 1 para significar la misma cosa. Las dos máquinas deben, pues, tener la interfaz correcta, entendiendo el mismo lenguaje binario.

Si el microordenador y el dispositivo de entrada no entienden el mismo lenguaje, suele ser posible usar un aparato traductor (programado en un chip) que puede enchufarse a la máquina.

Digitalizar la información

Un microordenador acepta toda clase de información, pero no puede manejarla a menos que se le ayude a codificarla en 0 y 1. Todo tiene que estar «digitalizado», o sea convertido en números. Es relativamente fácil ver cómo se hace esto con un teclado, donde las letras pueden codificarse directamente, pero ¿qué pasa con las imágenes?

Para introducir un dibujo en un microordenador es necesario tener un digitalizador. Parece una pluma y un cuaderno de dibujo unidos al microordenador por un hilo. Pero debajo hay una malla. Como con el teclado, los hilos cruzan arriba y abajo bajo la superficie del digitalizador, cruzándose en puntos específicos. Cuando el lápiz recorre la malla, el microordenador registra los puntos de cruce de los hilos.

En algunos casos es la presión del lápiz lo que marca el punto a registrar. En otros, se pulsa un botón en el extremo del lápiz electrónico para registrar su posición.

Uso del ratón con la pantalla

Con el dispositivo llamado «ratón», es la electrónica de una caja que se mueve con la mano la que avisa a la malla situada bajo el tablero digitalizado de la posición que debe reflejarse en la pantalla. Esto nos permite mover un punto en la pantalla, como con la pluma luminosa, pero con la facilidad de una palanca de juego.

▼ El "ratón" tiene todas las ventajas de un lápiz luminoso, pero es tan fácil de usar como una palanca de juego. Apretando los botones de la caja pueden moverse cosas en la pantalla.

▼ En muchos envases la información viene en forma de código de barras. Un rayo de luz láser mide la luz reflejada por las franjas blancas que quedan entre las barras. Entonces la información se pasa a un microordenador para su proceso.

El ratón

Ajedrez con ordenador

Comunicaciones

◀ Muchos microordenadores pueden reconocer las posiciones del tablero de ajedrez. Con la programación adecuada pueden derrotarnos. La memoria conserva un registro de nuestras jugadas.

▲ Los microordenadores pueden usarse para comunicación a través del teléfono. Los acopladores acústicos convierten las señales digitales a telefónicas en un extremo, y las telefónicas a digitales en el otro.

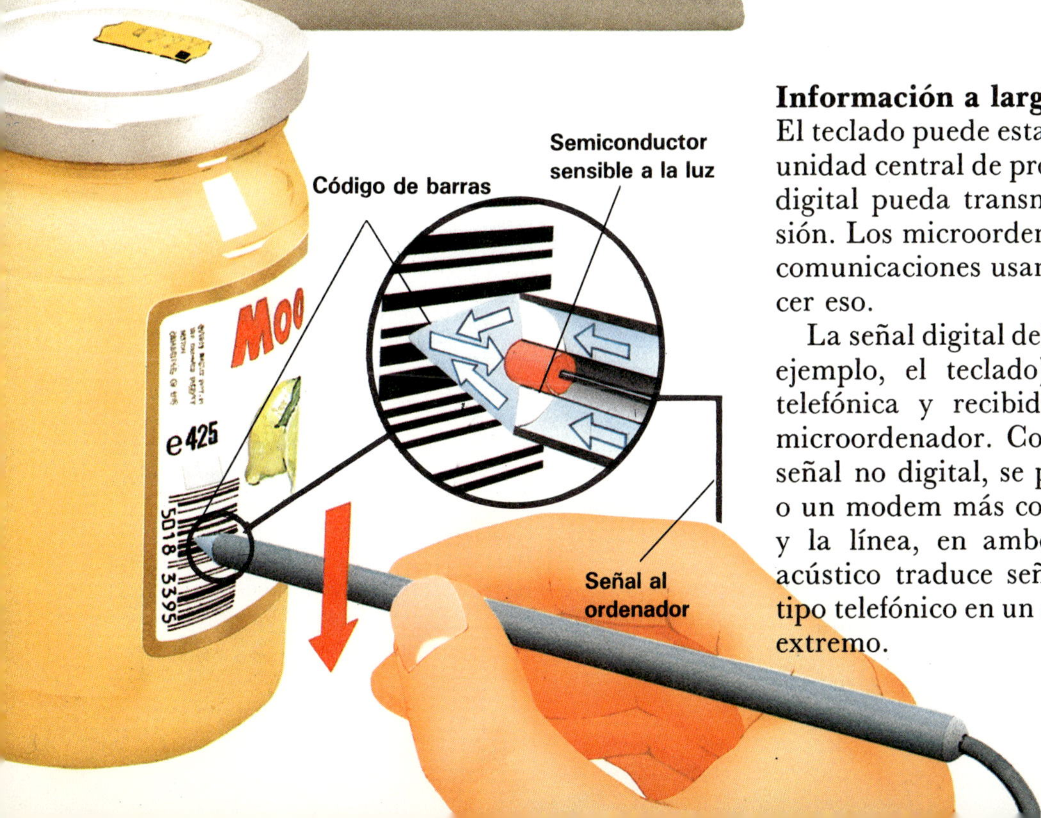

Información a larga distancia

El teclado puede estar a muchos kilómetros de la unidad central de proceso, con tal de que la señal digital pueda transmitirse hasta ella sin confusión. Los microordenadores capaces de manejar comunicaciones usan líneas telefónicas para hacer eso.

La señal digital del dispositivo de entrada (por ejemplo, el teclado) es enviada por la línea telefónica y recibida al otro extremo por el microordenador. Como los teléfonos usan una señal no digital, se pone un acoplador acústico o un modem más complicado entre la máquina y la línea, en ambos extremos. El acoplador acústico traduce señales digitales a señales de tipo telefónico en un extremo, y al revés en el otro extremo.

Dispositivos de salida

Introducir información en un microordenador consiste en convertir las cosas que entiende el hombre (como letras y dibujos) en dígitos que puedan manejar los microordenadores. Sacarla es justamente el proceso contrario. Los dispositivos de salida más usados son la pantalla y la impresora.

Pantalla

La mayoría de las pantallas utilizadas con microordenadores funcionan como las de televisión. De hecho, muchos de los microordenadores domésticos más pequeños usan realmente una pantalla de televisión. Otros tienen pantallas especiales que pueden dar una imagen algo más nítida. Se les suele llamar unidades de representación visual (*Visual Display Units*) o VDU. La electrónica de estas unidades es muy complicada, pero sigue siendo cuestión, principalmente, de manejar 0 y 1.

El interior de la pantalla está recubierto con puntos de fósforo que pueden hacerse lucir en rojo, verde o azul disparándoles electrones desde atrás. Los electrones han de ser dirigidos al lugar exacto por sistemas de deflexión vertical y horizontal. Así se garantiza que el rayo enciende los puntos de fósforo necesarios para producir en la pantalla la imagen correcta.

Continuamente están apareciendo en la pantalla puntitos luminosos agrupados para formar letras o números. Todo se mueve tan deprisa que no notamos todos los pasos que supone el conseguir una pantalla llena de información. Para hacerlo todavía más rápido, los microordenadores suelen tener una ROM (ver más arriba pág. 17), programada con el formato exacto de cada letra, símbolo y número.

El brillo del fósforo no dura mucho, por lo que es necesario recordarle a la memoria lo que está en pantalla. Para hacerlo, la memoria guarda referencia exacta de lo que aparece en cada porción de pantalla, en forma de 0 y 1. Cuando cambia la imagen de la pantalla también lo hacen los códigos de la memoria.

Impresora de matriz de puntos

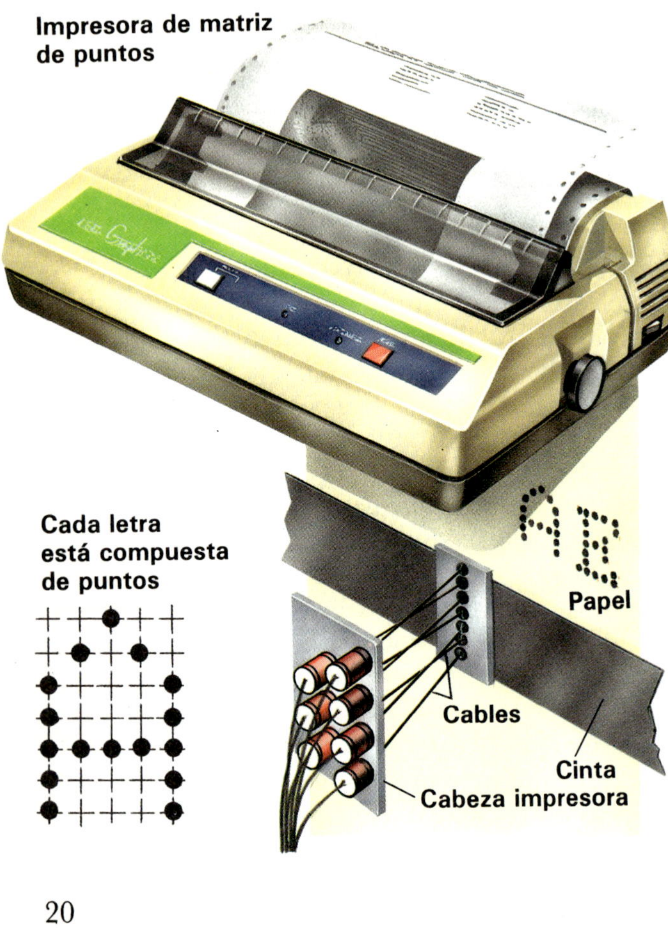

◀ La impresora de matriz de puntos proyecta sus cables hacia la cinta teñida. Forma letras y números acumulando una serie de puntos. Puede funcionar tan rápidamente como para imprimir 120 caracteres por segundo. Los dibujos tardan más.

Rastreo o exploración

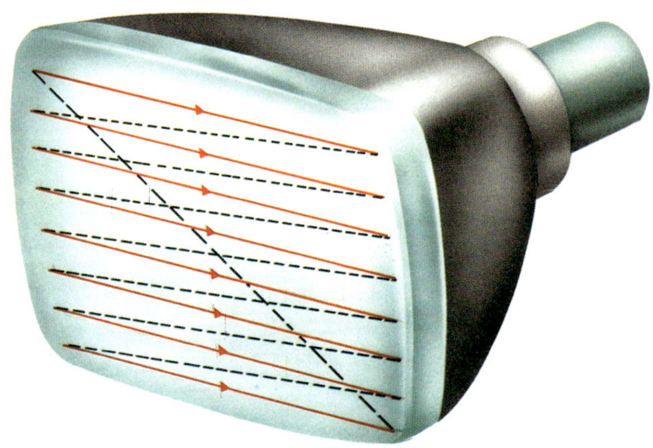

▲ Los haces de electrones recorren velozmente la pantalla describiendo una serie de líneas para formar una imagen. A esto se llama exploración o rastreo. Cuando los haces llegan a la parte inferior de la pantalla, vuelven diagonalmente a la superior y vuelve a empezar el "barrido".

Cómo funciona la pantalla
Los cañones de electrones disparan haces de ellos contra la pantalla recubierta de fósforo. Cada haz corresponde a un color: rojo, verde o azul. Un sistema de deflexión, controlado por el microordenador, guía los haces a los puntos correctos de la pantalla.

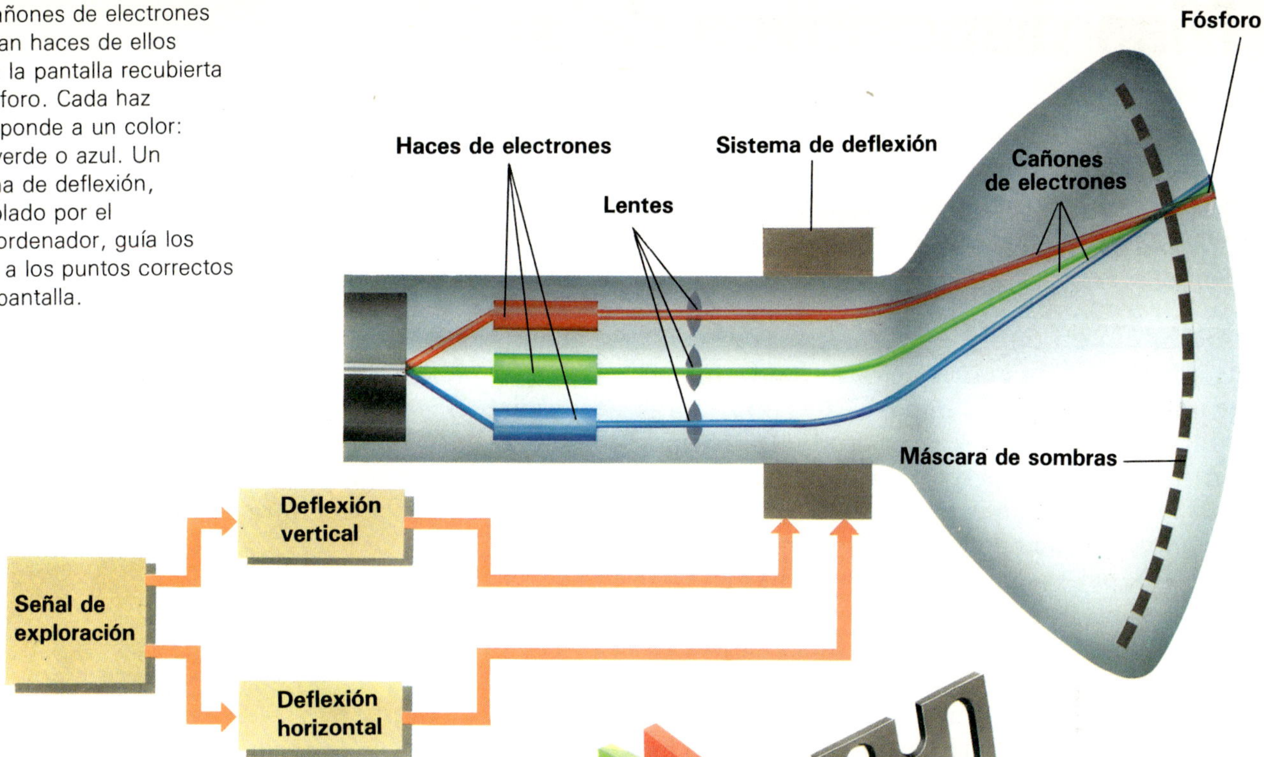

▶ La máscara de sombras que está justo detrás del vidrio recubierto de fósforo, guía los haces a las porciones de fósforo correspondientes a su color. Esas porciones lucen con un cierto color cuando las tocan los haces.

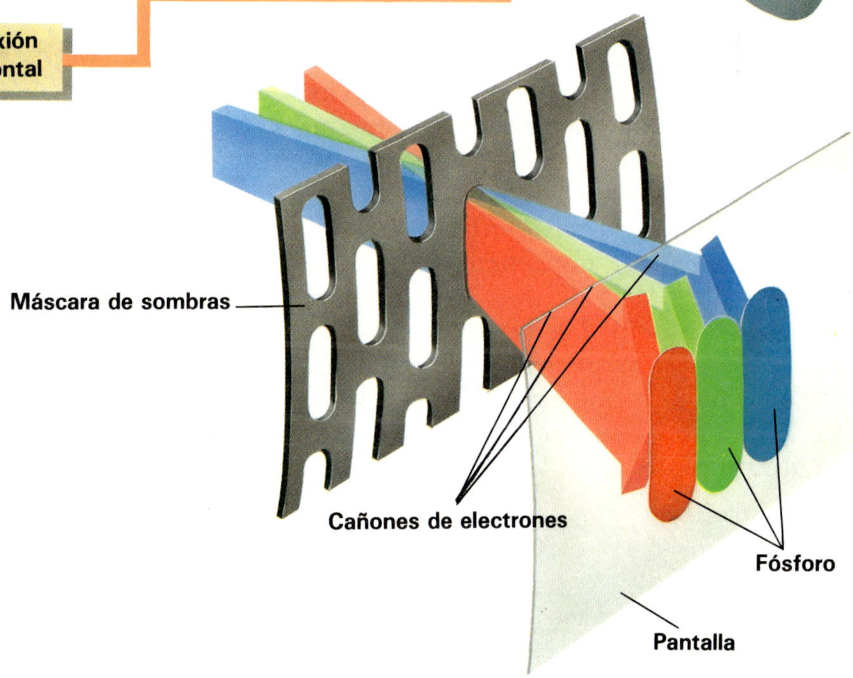

Impresoras

Las unidades de representación visual son muy cómodas de usar, pero no dan un registro permanente como las impresoras. Hay muchos tipos diferentes de impresoras, que usan mecanismos diferentes. Uno de los más comunes usados con microordenadores es el de matriz de puntos.

Bajo la cubierta de una impresora de matriz de puntos hay una serie de cables alineados contra una cinta. Los cables se mantienen separados de la cinta por imanes. Cuando llega el momento de imprimir, los cables son liberados y golpean la cinta dejando una marca de tinta sobre el papel. Varios puntos agrupados producen una letra o número.

Esto puede parecer lento y laborioso, pero los cables se mueven a tal ritmo que pueden producir 120 caracteres (letras o números) por segundo. Generalmente un chip de ROM contiene la información necesaria para transformar los 0 y 1 del ordenador en señales a la cabeza impresora para ejecutar la serie correcta de puntos.

Más dispositivos de salida

Un microordenador puede estar ligado a casi cualquier dispositivo de salida, siempre que ambos usen el mismo lenguaje. Las interfaces deben casar, como en el caso de los dispositivos de entrada.

Poniéndolo en papel

Las impresoras de matriz de puntos no son más que una clase de salida en papel. Las impresoras térmicas tienen cables que producen chispas eléctricas para ennegrecer la superficie de un papel sensible al calor. Este tipo de impresora es silencioso porque no golpea con fuerza el papel. Pero el papel es más caro porque ha de estar tratado especialmente.

Las impresoras de margarita funcionan sobre un principio por completo diferente. Bajo su cubierta tienen una rueda giratoria que lleva grabadas todas las letras y símbolos al extremo de varillas. Cuando la letra deseada está encima de la página un martillo la golpea sobre la cinta imprimiéndola en el papel. Las impresoras de margarita dan imágenes más nítidas en la página, pero cuestan más e imprimen a ritmo más lento que las de matriz de puntos: a unos 60 caracteres por segundo. Los bits (dígitos binarios) que produce el microordenador son transformados en movimientos físicos por la cabeza impresora, que con frecuencia está gobernada por un chip propio.

Impresora de margarita

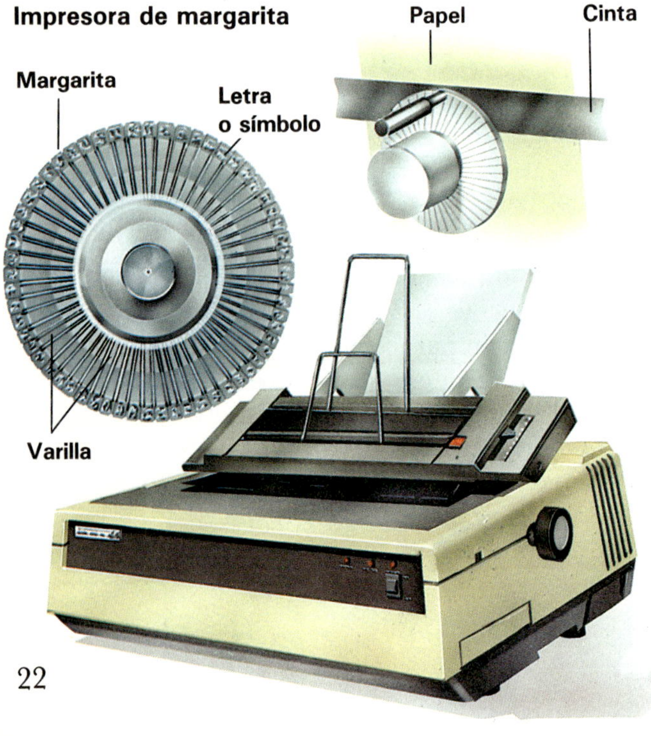

Dibujos en papel

Imprimir palabras y cifras es una operación delicada, pero imprimir gráficos lo es más. Con letras y números pueden tomarse atajos porque las letras ya son conocidas y familiares. Con los dibujos, cada punto ha de considerarse separadamente, ya que cada gráfico es diferente.

Los plotters, por ejemplo, pueden dibujar un gráfico o un mapa moviendo sus rotuladores sobre una hoja de papel hasta que cada porción esté adecuadamente coloreada. La barra que abarca toda la anchura del papel se desplaza

Sintetizador de voz: Cómo funciona

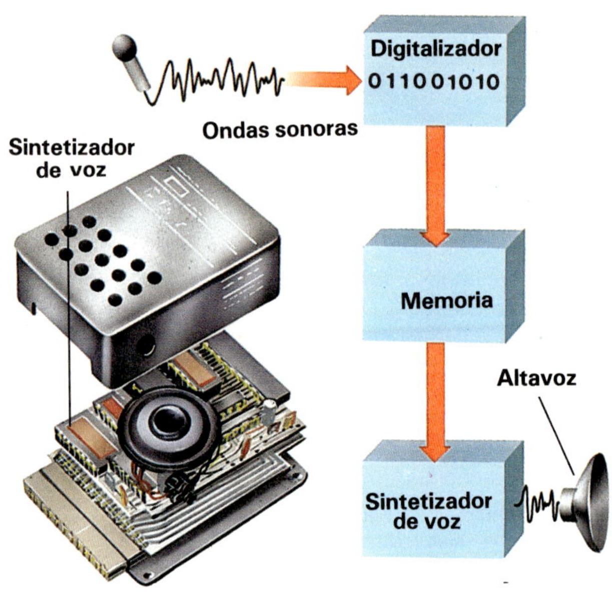

◀ Las letras y símbolos de la margarita están al extremo de cada una de las varillas. La rueda gira y un martillo las golpea contra la cinta en el momento oportuno. Si se desean estilos de letra diferentes o símbolos no usuales, se puede cambiar la margarita.

▲ Las ondas sonoras se convierten a forma digital y se almacenan en la memoria del microordenador. El sintetizador de voz convierte la señal digital nuevamente en ondas sonoras.

▶ Los plotters son útiles cuando se desean dibujos exactos. Los rotuladores de colores se mueven sobre la superficie del papel de acuerdo con la programación que se ha dado al microordenador.

horizontalmente mientras que el rotulador se desplaza a lo largo de la barra. De la misma manera en que el digitalizador convierte cada punto de una línea en otro con coordenadas específicas que pueden almacenarse como dígitos binarios, el plotter convierte esos mismos dígitos en puntos sobre una hoja de papel.

Brazos robóticos

Sólo muy recientemente los microordenadores han podido usar brazos robóticos. Se necesita mucha programación para decirle a una mole de metal cómo moverse. Imaginad todos los pequeños detalles necesarios para alargar el brazo y coger algo: los giros de muñeca y codo, y la medición de la distancia. Todo esto hay que explicarlo con detalle al microordenador de manera que pueda dar instrucciones a un brazo robótico para comportarse de la misma manera.

Sintetizadora de voz

Los microordenadores también pueden «hablar» con ayuda de sintetizadores de voz. El proceso también depende de los 0 y los 1. Cuando se graba una voz, los sonidos componentes de las palabras se desglosan en forma digital y se almacenan en la memoria del microordenador. Cuando llega el momento de que hable el sintetizador, los 0 y 1 vuelven a convertirse a una forma que se aproxima a la voz. Como la voz de las personas tienen formas varias, este proceso requiere una codificación detallada, y por tanto absorbe mucha energía y espacio de memoria.

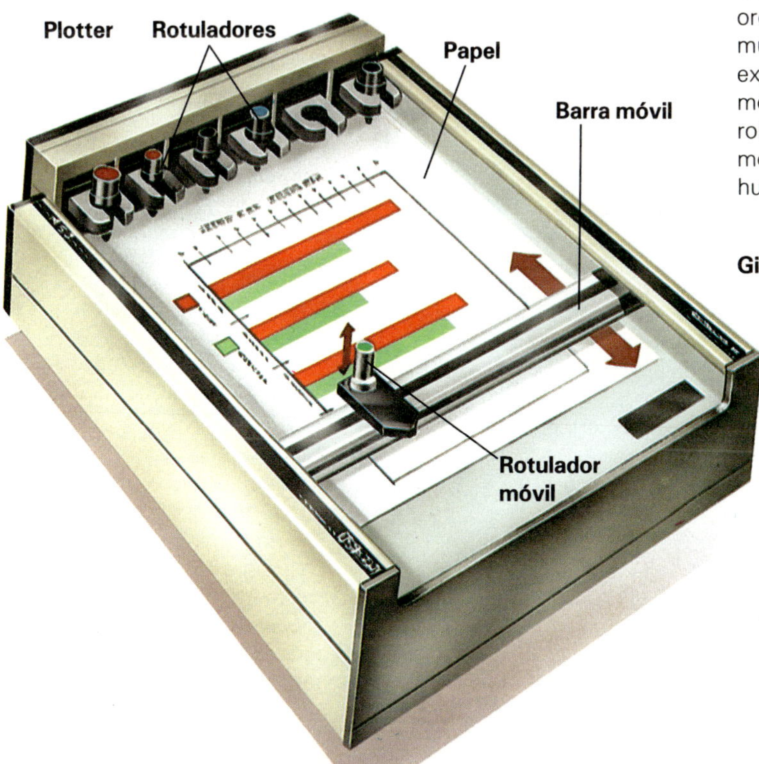

▶ Todos los robots están controlados por ordenadores. Se necesita mucha programación para explicar los detalles de cada movimiento. Abajo: brazo robótico imitando los movimientos de un brazo humano.

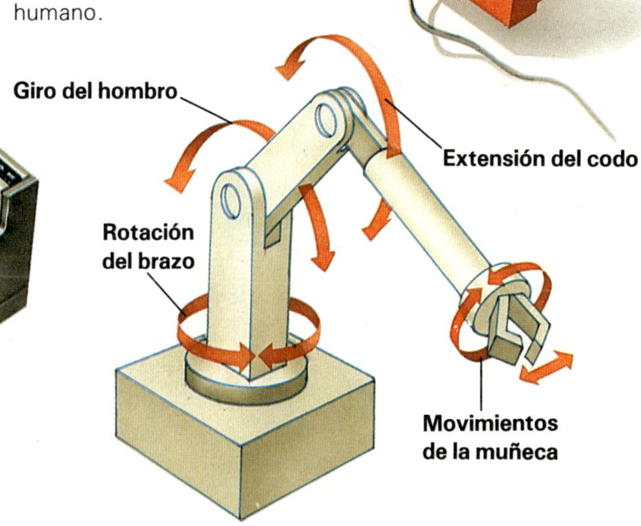

Software

Todo el metal, plástico y silicio que constituyen el hardware de un microordenador, serían inútiles sin software. El hardware transmite el código electrónico de 0 y 1. Necesita el software para adaptar y ordenar ese código. El software es lo que convierte al microordenador en un contrincante de ajedrez, un profesor de historia, un matemático o un astrólogo. Con una serie amplia de software, una sola máquina puede realizar cientos de tareas diferentes.

Las reglas guía

El software son las reglas que guían a la máquina. Entre ellas, los programas que constituyen el software lo hacen todo, desde decirle a la CPU cómo localizar el teclado hasta presentar en pantalla un juego y ganarlo.

Los programas del software han de ser muy precisos. Deben conducir al microordenador paso a paso a lo largo de la tarea a realizar con tal detalle que no haya lugar a confusión. No importa si el procedimiento es prolijo, con tal de que las instrucciones sean exactas.

Software de sistemas

El software puede considerarse dividido en dos capas. La interior es el software de sistemas. Éste dice al microordenador cómo cuidarse a sí mismo. Le enseña todo a la máquina, desde cómo usar su memoria a cómo presentar algo en pantalla. Guía la electrónica en cada paso que deban dar. Al comprar un microordenador, el software de sistemas viene dentro. (También se le llama sistema operativo.) Sin el software de sistemas, muy poco sucedería al conectar la máquina.

Lenguajes, compiladores e intérpretes

Uno de los elementos más importantes en el manojo de programas que constituyen el software de sistemas es el compilador o el intérprete. Son traductores automáticos que convierten todos los programas en los 0 y 1 con que debe tratar la máquina. Los programadores humanos encuentran difícil pensar con 0 y 1 del código electrónico, por lo que emplean lenguajes especiales de ordenador.

▶ El software de aplicaciones consiste en todos los programas con los que trabajamos o jugamos. Pueden ir desde juegos de ordenador a programas educativos y de negocios. Cada programa es traducido por el compilador o intérprete al código propio del microordenador.

◀ Hay una gran variedad de programas para microordenador ya preparados, pero puede ser interesante escribírselos uno mismo.

Software de aplicaciones

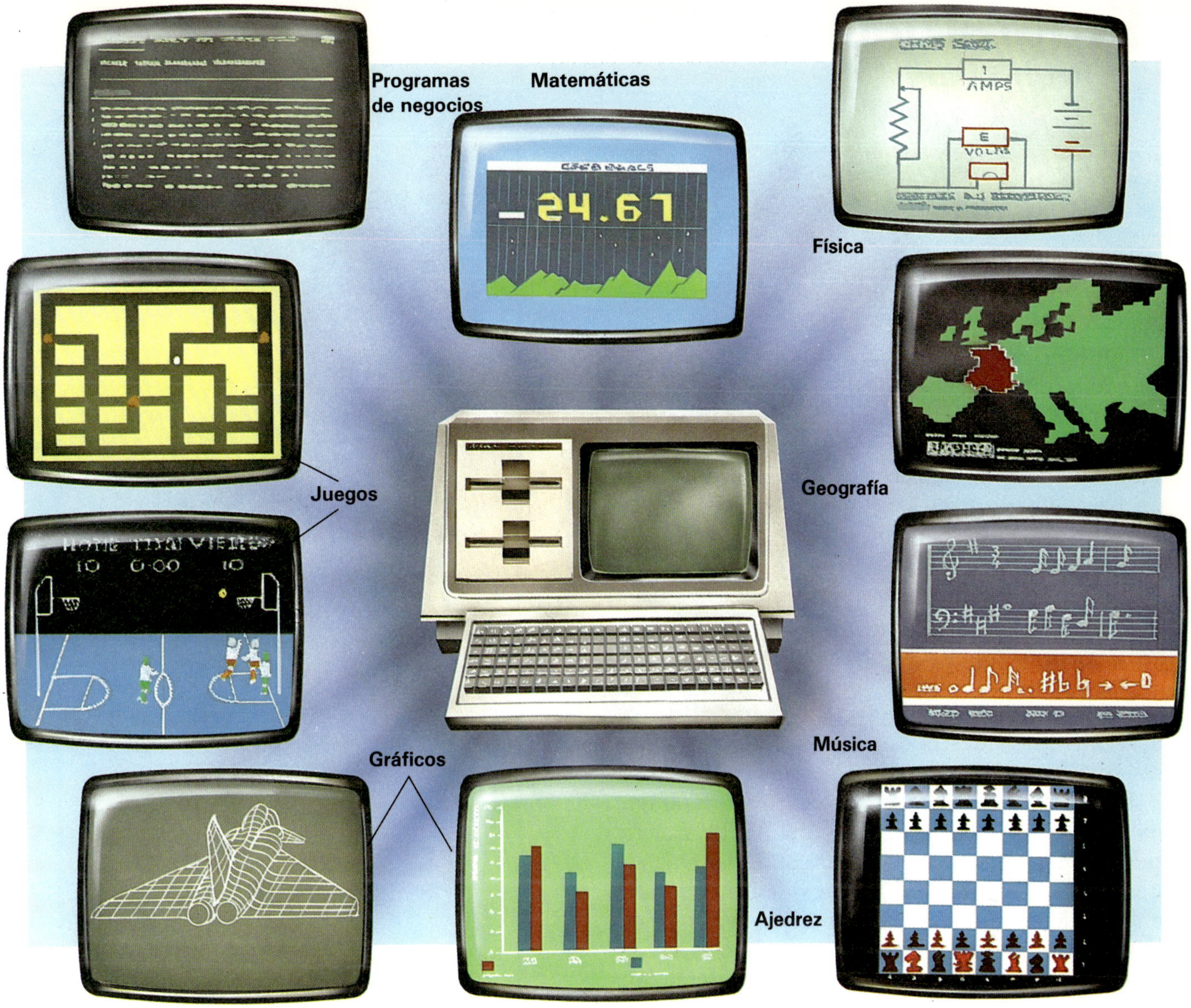

Estos lenguajes no son tan difíciles de aprender como el francés o el alemán; son una especie de taquigrafía para programadores. Son lenguajes bien conocidos: Basic, Pascal, APL, Cobol y Fortran. Una vez que un programa ha sido escrito en uno de estos lenguajes, tiene que ser traducido por el compilador o intérprete a un código que la máquina entienda.

Los compiladores y los intérpretes funcionan de manera algo diferente. Los compiladores lo traducen todo antes de empezar. Los intérpretes lo hacen línea por línea a medida que avanzan en el programa. Son algo más lentos. Pero esta diferencia es algo que generalmente sólo importa a los programadores profesionales.

Programas de aplicaciones

Son la «capa» exterior del software. Son los programas que se compran o que uno mismo se escribe, para juegos o para aprender francés, por ejemplo. Un programa de aplicaciones controla lo que realmente se hace con el microordenador, mientras que el software de sistemas se concentra en el comportamiento de la máquina.

Elaboración del software

El software es difícil de escribir, pero en ello está la mitad de la diversión. Los lenguajes facilitan la escritura de programas pero no suprimen el desafío. Se necesitan buenas ideas y claramente explicadas para producir un buen programa.

Programación

Programar requiere minuciosidad y gran atención al detalle. A veces puede parecer exagerado mientras se van elaborando las instrucciones, pero todo se da por bien empleado cuando el programa sale bien. Pocos programas salen a la primera. Los errores son frecuentes.

El diagrama

Imagínese que queremos que un robot nos prepare el desayuno todas las mañanas. Primero de todo tenemos que planificar exactamente lo que supone preparar el desayuno. Este plan puede representarse en un diagrama (como el de la derecha) que muestra esquemáticamente los pasos que tiene que dar el programa.

Lo primero es conseguir que el robot se ponga en marcha a las 7: EMPEZAR (START). Luego tiene que poner la mesa, poner copos de maíz en un tazón, añadir leche y azúcar y dejarnos comer en paz. Mientras, tiene que ponerse a hacer los huevos y el bacon, ponerlos en un plato y servirlos. Pero antes el robot tiene que retirar el tazón vacío. Finalmente debe volver al principio, listo para empezar de nuevo mañana por la mañana.

Mejora del diagrama

Esto parece bastante sencillo, pero ¿es seguro? De hecho, apenas hemos empezado cuando nos encontramos sumergidos hasta el cuello en copos de maíz, inundados de leche y cubiertos de azúcar: olvidamos decir cuánto queríamos. El robot no tiene idea de lo que es una ración razonable. Añadimos unas medidas y volvemos a intentar.

Esta vez, apenas hemos comido una cucharada cuando el robot intenta quitar el tazón y ponernos los huevos con bacon. Tenemos que hacerle parar y averiguar si estamos preparados. Una casilla en forma de diamante significa que hay que tomar una decisión.

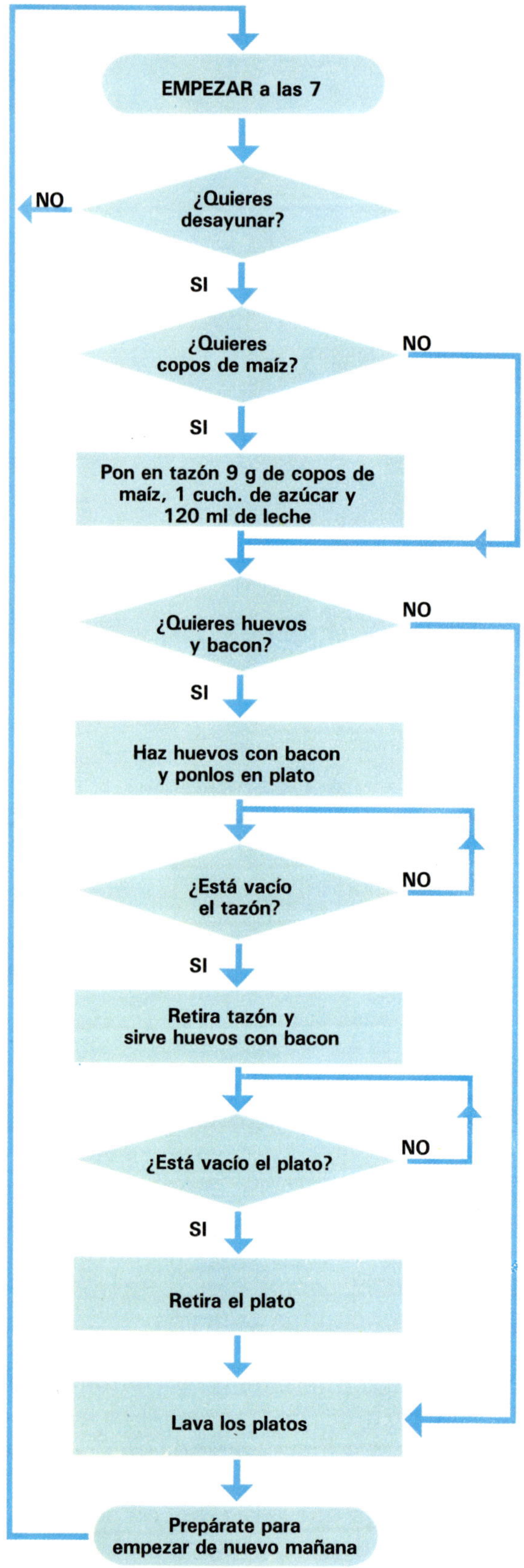

Todo parece ir bien ahora. Pero ¿estamos seguros de que vamos a querer tanto desayuno todas las mañanas? Una vez que ha empezado el robot continuará para siempre, y si no los comemos, los huevos y el bacon se irán amontonando día tras día. O sea que más vale concedernos la posibilidad de no desayunar si no queremos.

Claro que esto no es más que el principio. Necesitamos detallar cómo tiene el robot que poner la mesa y con qué. También necesitamos explicar cómo guisar y qué hacer para fregar los platos. Y si no queremos que se acaben los copos de maíz, tendremos que decirle al robot que nos avise cuando queden pocos.

Un programa de ensayo

Éste es un programa para el Sinclair ZX81 que es el ordenador más pequeño y más barato que se encuentra. El programa dibuja estrellas o asteriscos (*) por toda la pantalla. Pueden controlarse los * pulsando la tecla 8 para ir a la derecha, la 7 y la 6 para ir arriba y abajo, y la 5 para ir a la izquierda.

Vemos que todas las líneas del programa han de estar numeradas, para que el ordenador sepa en qué orden ejecutarlas. Aunque los números podrían ser 1, 2, 3, etc., es corriente espaciarlos por decenas, de manera que si se olvida una línea pueda volverse atrás fácilmente e intercalarla entre dos. Los microordenadores usan una barra (/) sobre los ceros para evitar confusión con la letra O.

Programa para el Sinclair ZX81

```
1Ø  LET X=15
2Ø  LET Y=1Ø
3Ø  PRINT AT Y, X; "*"
4Ø  IF INKEY$="5" THEN LET X=X-1
5Ø  IF INKEY$="6" THEN LET Y=Y+1
6Ø  IF INKEY$="7" THEN LET Y=Y-1
7Ø  IF INKEY$="8" THEN LET X=X+1
8Ø  GOTO 3Ø
```

Cómo funciona el programa

Las líneas 10 a 30 simplemente ponen en marcha el microordenador en el centro de la pantalla. X le dice cuánto avanzar hacia la derecha; Y, cuánto subir o bajar. La línea 30 le dice a la máquina qué poner en la pantalla cuando ha llegado a ese punto.

Las líneas 40 a 70 convierten las teclas numeradas 5, 6, 7 y 8 en teclas de control para mover el *. Si se pulsa el 8, se mueve uno a la derecha. Pulsando el 6 nos movemos un espacio hacia abajo, y pulsando el 7 un espacio hacia arriba.

La última línea nos devuelve a la 30. Sin la línea 80 el ordenador se pararía al llegar a la última línea. Con «GOTO» (ir a) sabe que tiene que volver a la línea 30 y hacer lo que en ella se le diga. En este caso, llenarnos la pantalla de estrellas.

Trabajando con microordenadores

▲ Los microordenadores pueden procesar datos, manejar palabras y efectuar cálculos. Cuando se les pide usar todas sus habilidades, se les saca el máximo partido. Entonces un microordenador puede actuar como tutor personal.

Los microordenadores descomponen el mundo en elementos simples. Cada letra, número, color o sonido debe reducirse a los 0 y 1 de su código binario. Sólo entonces las órdenes cuidadosas y el proceso veloz llevan a la máquina, a través de pasos lógicos, a encontrar el resultado correcto.

Las habilidades del microordenador

El talento de un microordenador puede utilizarse en cinco áreas principales, cada una de las cuales toca diferentes aspectos de sus habilidades. El *Proceso de datos* tiene lugar cuando hay que considerar información y tomar decisiones. Otras veces lo que se necesita es *cálculo* rápido. El *Proceso de textos* es más una cuestión de almacenaje e impresión de palabras que de proceso real de las mismas, mientras que la *recuperación de información* hace uso de la fiable memoria del microor-

▼ Los microordenadores pueden utilizarse para aprender música. Pueden ayudarnos a entender el ritmo y la armonía, y puede ser muy divertido escuchar nuestras propias composiciones musicales en cuanto las escribimos.

denador. Pero la máquina puede usarse también para *controlar* otros equipos conectándolos, desconectándolos y guiándolos automáticamente.

Un microordenador en la escuela

Todos estos talentos podrían utilizarse en la escuela si la máquina tuviera los programas adecuados para esa labor. Organizar el horario de la escuela sería una buena manera de emplear la capacidad de la máquina para el proceso de datos. Maestros, aulas, libros y alumnos podrían ser coordinados en una fracción del tiempo que le llevaría al director de estudios considerar las posibilidades.

El periódico escolar podría utilizar el proceso de textos. Almacenar artículos, corregir ortografía e imprimir copias serían tareas fáciles para la máquina.

Las habilidades matemáticas del microordenador serían útiles para la contabilidad de la escuela. El cálculo del costo de las comidas y el pago de los salarios de los maestros se harían con exactitud.

La recuperación de información viene muy bien en la biblioteca. El catálogo de libros, almacenado en un microordenador, ocuparía mucho menos espacio que un fichero y podría ser mucho más fácil de consultar.

Los microordenadores se usan para controlar equipos de muchas maneras. Una máquina escolar «escucha» el ruido de los alumnos al llegar por la mañana y conecta la calefacción. El silencio que reina cuando todos se van a casa hace a la máquina desconectar la calefacción para la noche.

Enseñando a enseñar al microordenador

La gran ventaja del microordenador es que nos permite probar las cosas. Por ejemplo, un principio de física puede demostrarse y luego ser comprobado en la máquina. Cuando algo sale mal, la máquina puede devolvernos a la teoría y volver a explicarla. Es mucho más fácil probar la habilidad de construir puentes con un microordenador que esperar a que se nos caiga uno.

Pero esto no es más que el principio. A la gente se le ocurren continuamente nuevas maneras de utilizar los microordenadores. No hay que ser profesor de universidad para escribir un buen programa. Lo más corriente es que los mejores juegos estén escritos por gente que quiere jugar con ellos.

▲ Con sus memorias enormemente expandibles, todos los ordenadores constituyen buenas bibliotecas electrónicas. "Prestel" es una de las más conocidas. A través de la pantalla de televisión puede tenerse acceso a páginas de datos.

▼ Aprender idiomas puede ser tan emocionante como jugar a los invasores del espacio. Los programas bien diseñados no se limitan a entrenarnos en los verbos irregulares, sino que nos invitan a medir nuestro ingenio con el del microordenador.

Presentación de los robots

Androide

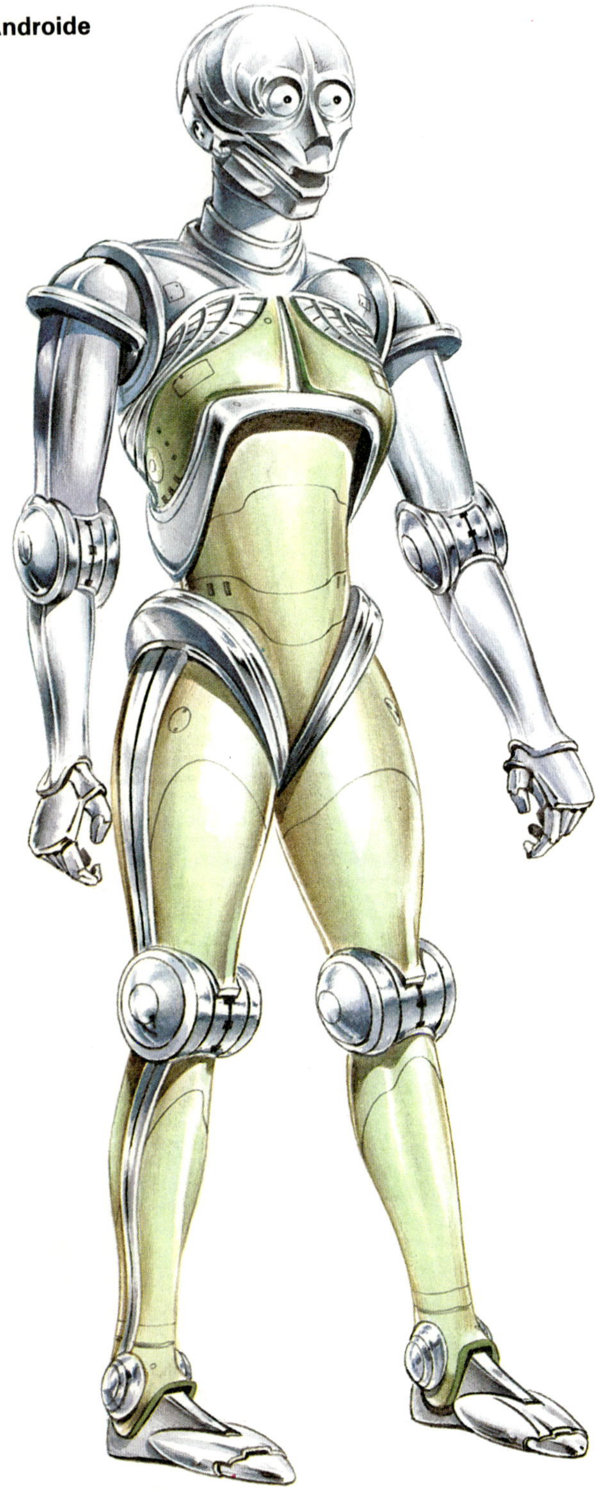

Durante muchos años los robots han estimulado la imaginación de la gente en libros, películas, ferias y parques de atracciones. Pero sólo recientemente han salido del campo de la ficción. Están siendo útiles para hombres y mujeres en infinidad de maneras. Cómo ha tenido lugar este cambio y cómo continuará en los años próximos, es el tema de este libro.

Hoy en día hay miles de robots trabajando por todo el mundo. Sus actividades van desde delicados trabajos de construcción a la elevación de enormes cargas, y pueden encontrarse en cualquier sitio, desde fábricas y centrales nucleares hasta el espacio exterior. En el futuro los robots pueden llegar a constituir una parte todavía mayor de nuestras vidas cotidianas. Con la ayuda de «cerebros» que en realidad son poderosos ordenadores, los robots pueden llegar a ser tan inteligentes como las personas. Podrían hacerse cargo de una amplia variedad de trabajos en oficinas, fábricas y hogares. Los robots podrían también trabajar en lugares especialmente desagradables donde es necesario realizar trabajos complejos y vitales, como las minas o el fondo oceánico.

¿Qué es un robot?

Pero ante todo, ¿qué queremos decir con la palabra «robot»? Puede definirse de manera diferente según con quién se está hablando, o en qué parte del mundo nos encontramos. La definición más amplia posible de un robot es «máquina que imita a una persona en aspecto o actividad». Nótese el énfasis en que haya algún tipo de parecido físico con las personas. De siempre los fabricantes de robots han tenido especial interés en diseñar robots que de alguna manera parecie-

◀ Durante muchos años se pensó en los robots como aparatos que parecían humanos y actuaban como tales: androides u hombres mecánicos. Actualmente los robots han sido redefinidos como brazos mecánicos controlados por un ordenador.

▶ Uno de los robots industriales más vendidos es el Unimate, fabricado por la empresa estadounidense Unimation. Esta máquina puede realizar una serie de tareas, que varían de acuerdo con el control que se ejerza. Puede soldar metal o mover objetos de un lugar a otro.

ran hombres o mujeres. Esto es lo que ha dado a los robots su reputación sobrehumana. Se les contempla con una mezcla de fascinación y miedo. La idea de que una máquina puede parecer persona o copiar fielmente lo que esa persona hace, produce sentimientos que van desde la admiración y el asombro hasta la aversión categórica.

Androides y aparatos automáticos

Los robots con los que estamos más familiarizados son los de ciencia-ficción que adoptan fielmente la apariencia y acciones de hombres o mujeres. Tales artificios, que podríamos llamar la forma más avanzada del robot, deberían llamarse más propiamente «androides». La palabra procede de las griegas *andros*, que significa «hombre», y *eidos*, que significa «forma».

Los muñecos que andan y hablan, o que hacen cosas imitando al hombre, también pueden llamarse robots. Pero mucha gente confunde los verdaderos robots con lo que en realidad son simples aparatos automáticos. Mecanismos como los relojes o los semáforos para el tráfico funcionan automáticamente, pero no son verdaderos robots.

Los robots se ponen a trabajar

Durante muchos años los ingenieros intentaron encontrar trabajos que pudieran hacer los robots. Pero aparte de los parques de atracciones o del mundo de las películas, esto resultaba muy difícil. La razón era sencilla. Los ingenieros carecían de la técnica y de las herramientas esenciales para hacer que los robots fueran suficientemente fiables para ejecutar tareas en la vida real.

Dos acontecimientos cambiaron esto. Primero, los ingenieros de los Estados Unidos se fijaron miras más bajas y decidieron que los robots no tenían más que imitar al hombre. No necesitaban parecerse en absoluto a él. Para los ingenieros, los robots se han convertido simplemente en unos artefactos que imitan las acciones de los brazos humanos y que están controlados por ordenadores. El segundo acontecimiento es que la técnica ingenieril, sobre todo en el campo de los ordenadores, ha progresado a pasos agigantados. El mundo ha evolucionado mejorando la fabricación de máquinas que encajan en la nueva definición de robot. El resultado es que casi de la noche a la mañana, los robots han salido de su etapa de jardín de la infancia y se han puesto a trabajar.

Robot industrial

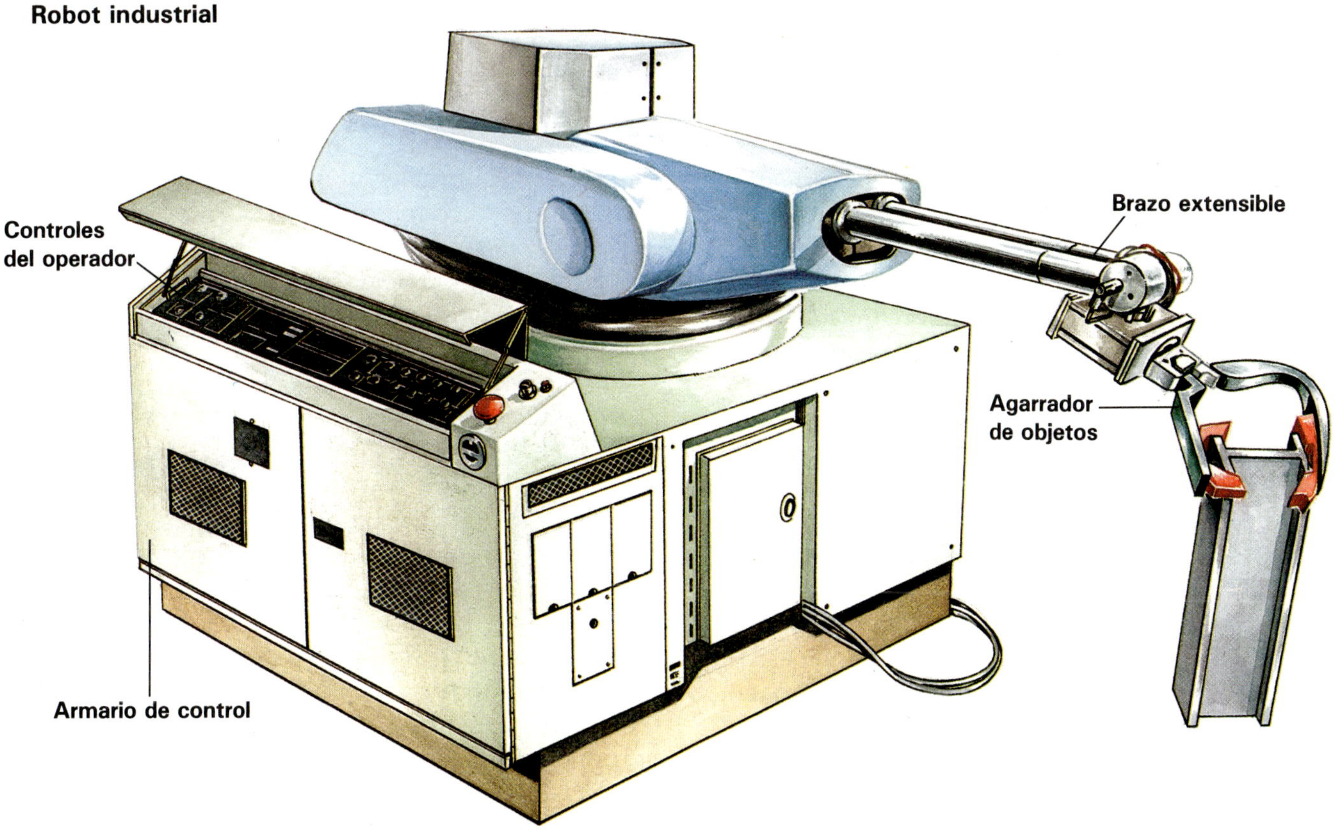

Anatomía de un robot

El cuerpo humano contiene dos clases de componentes relacionados con la acción. La primera está compuesta por el cerebro y el sistema nervioso, y la segunda por los miembros y las otras partes móviles del cuerpo. Los robots están constituidos por componentes con funciones semejantes. Pero el robot medio en funcionamiento hoy día no es tan complicado, ni muchísimo menos, como un ser humano. Por una parte, su campo de acción está limitado por el hecho de tener un solo «brazo». Sin embargo, las instrucciones que lo controlan son transmitidas de manera semejante a los mensajes que el cerebro envía al resto del cuerpo humano a través del sistema nervioso.

En un robot la tarea del «cerebro» la realiza un ordenador. El ordenador puede acumular información obtenida del mundo exterior por medio de sensores que tiene el robot. Estos sensores asumen un papel semejante al de los ojos y oídos del hombre. Pero la mayoría de los robots actuales no son tan avanzados como para tener sensores. Se parecen a personas que no sólo son ciegas y sordas, sino que también carecen de cualquier medio para obtener información directamente del mundo exterior.

Programación y mensajes eléctricos

La mayoría de los robots, pues, deben recibir información por un medio que no tiene paralelismo directo en los humanos o en otros animales. Reciben instrucciones por el mecanismo de la programación. Para programar a un robot, el operador humano proporciona al ordenador mensajes sobre los tipos de trabajo que quiere que realice.

El aspecto realmente importante de los robots es que dando al ordenador una serie de programas diferentes, un operador puede hacerle ejecutar una amplia gama de tareas. Por ejemplo, el operador puede dar los detalles para limpiar una ventana y observar su comportamiento. Al minuto siguiente, apretando otra tecla, puede ordenarle recoger una masa de chatarra. Esa capacidad para saltar rápidamente de una tarea a otra es la que hace a los robots útiles en la industria.

Como el ser humano, el robot necesita un camino para canalizar la información desde su «cerebro» a su «ejecutor» que en este caso es su único brazo. En el ser humano este canal está formado por una serie de nervios. Miles de impulsos eléctricos circulan por estos nervios y le dicen, por ejemplo, a una mano que coja una manzana, o a un pie que golpee la pelota. En un robot el canal de información son cables eléctricos. Éstos alimentan motores que mueven los diferentes componentes del brazo del robot.

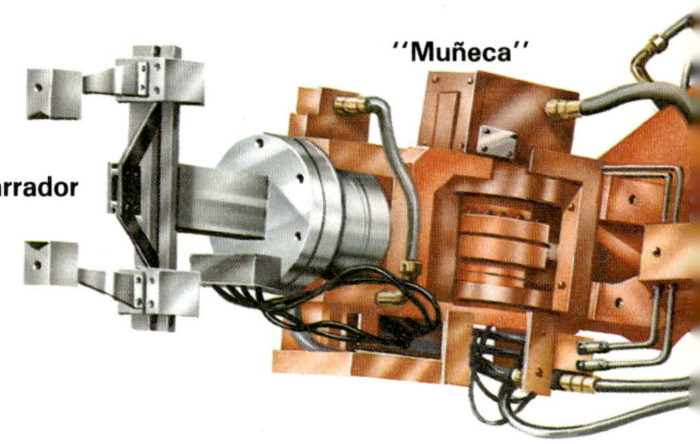

El brazo del robot

Aunque tiene que conformarse con un solo miembro, un robot moderno puede hacer la mar de cosas con su más bien limitado equipo corporal. Un brazo de robot puede situar objetos con precisión de un milímetro. Algunas máquinas robotizadas pueden elevar pesos de hasta una tonelada. Un brazo robótico típico consta de «antebrazo», «codo» y «brazo», además de la «mano». En otras palabras, es muy parecido al del hombre. Las articulaciones del hombro, codo y muñeca permiten al brazo mover un total de seis ejes.

Los mecanismos que impulsan las diferentes partes del brazo son de tres tipos. Se basan en el movimiento del aire comprimido (energía neumática), en líquidos que se mueven a presión (energía hidráulica) o en la energía proporcionada por una serie de motores eléctricos.

Una de las partes más importantes del cuerpo del robot es su «mano». En ella recae la responsabilidad final del trabajo del robot. Las manos del robot adoptan diferentes estilos para las diferentes tareas. La mano puede ser una garra, una manguera de succión o un imán. También puede ser una unidad especial en la que se aloje una herramienta para cierto trabajo en particular.

▶ La mayoría de los robots que se venden actualmente tienen lo que se llama seis grados de libertad: pueden moverse alrededor de seis ejes diferentes. Los movimientos se basan en las articulaciones del "hombro", "codo" y "muñeca" del robot.

Grados de libertad

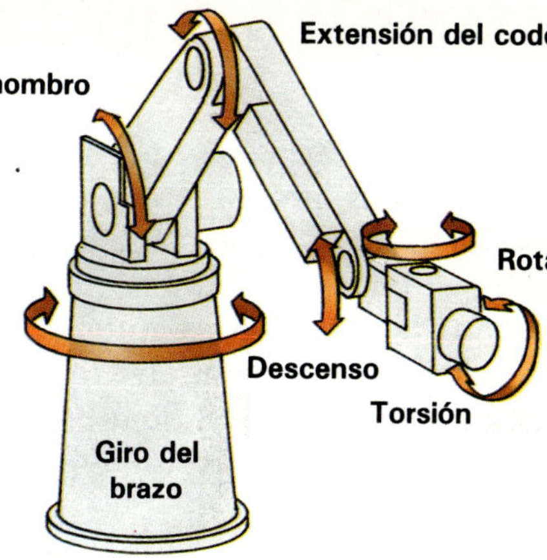

Robot Milacron de "Cincinnati"

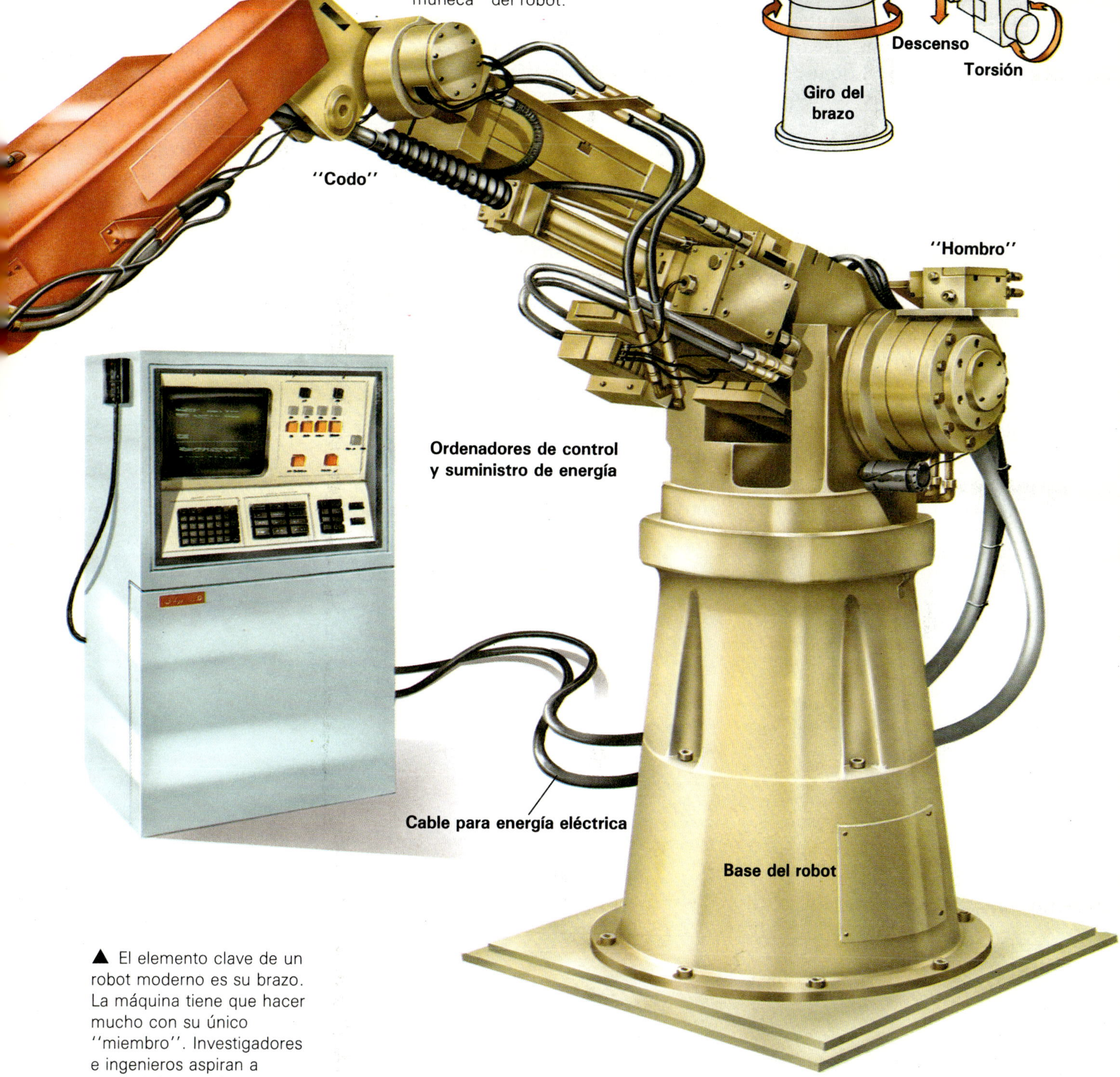

▲ El elemento clave de un robot moderno es su brazo. La máquina tiene que hacer mucho con su único "miembro". Investigadores e ingenieros aspiran a producir brazos de robot con tanta flexibilidad y precisión como el brazo humano.

Robots industriales

Existen hoy día en el mundo unos 40.000 robots, de los cuales probablemente el 90 por ciento funcionan en fábricas. No hay nada notable en este hecho. Es sencillamente que los robots realizan muy bien trabajos simples en los que hay que elevar o ejecutar algún otro tipo de acción. Y los lugares más obvios en donde los robots pueden hacerse cargo de estos trabajos son las fábricas.

Las limitaciones de la maquinaria fabril

Las fábricas son lugares en los que se fabrican grandes cantidades de artículos. Hasta la Revolución Industrial que tuvo su apogeo en la Gran Bretaña a finales del siglo XVIII y principios del XIX, se fabricaban objetos, pero no de manera muy organizada. Ni se usaban máquinas para realizar gran parte del trabajo. Desde la Revolución Industrial, tanto el nivel de organización como el uso de maquinaria han crecido sin parar.

Así pues, no hay nada nuevo en que las máquinas hagan el trabajo del hombre. Pero hasta hace poco la mayoría de las máquinas de las fábricas hacían faenas repetitivas o tareas en que no intervenía la habilidad de las manos. Por ejemplo, una máquina automática podía ser muy buena para poner pernos en una serie de agujeros de una plancha metálica. Pero los pernos debían ser siempre del mismo tamaño y forma, y los agujeros siempre tenían que estar en la misma posición dentro de la plancha. La máquina no podía variar el trabajo de ninguna manera; por ejemplo, poniendo pernos de diferente modo.

Para poner otro ejemplo, hace años que se usa en las fábricas maquinaria para canalizar líquidos a través de válvulas y controlar su temperatura. Tales procesos son importantes en muchos tipos de industria en los que se cambia la composición química de líquidos o sólidos. Estas industrias van desde la refinería de petróleos y la fabricación de acero hasta el proceso de productos alimenticios. Pero los ingenieros encontraban

▼ Aquí se ve a un robot elevando el bastidor de un frigorífico y entregándolo a una máquina de acabado.

▼ Una labor corriente para los robots de fábricas es la pintura a pistola. El brazo de la máquina puede moverse de manera parecida al de una persona siguiendo una pauta complicada, y pintar objetos de forma irregular. El robot está programado para hacer esto.

▶ Muchos productos industriales necesitan ser perforados. Esto lo pueden hacer operarios; pero el trabajo suele ser más rápido y preciso si se encomienda a un robot. Las piezas a perforar llegan hasta el robot por medio de una cinta transportadora.

difícil construir máquinas que, por ejemplo, recogieran cubas de acero fundido y las colocaran en un determinado lugar. En tareas como esta, en que el trabajo es variable y en que una persona necesita ser flexible, están siendo empleados ahora los robots.

Las ventajas de los robots

Dos de los trabajos más normales para robots son la soldadura de automóviles y la pintura. Los robots de las líneas de soldadura de automóviles son habituales en la mayor parte del mundo industrial. Los robots también son buenos pintores. Armados con una pistola de pintura, pueden ser programados para cubrir piezas de formas complejas. Pueden hacerlo más exactamente que un ser humano. La pintura a pistola suele ser una ocupación muy malsana para las personas, pues la pintura llega a todas partes e irrita los ojos, orejas y nariz. Para esas faenas, los robots aventajan a las personas en cuanto a salubridad y eficiencia.

Otro trabajo realizado por los robots es la simple elevación de objetos de un lugar a otro de una fábrica. Pueden ser cualquier cosa, desde piezas de máquinas a sacos de cemento. Un robot, por ejemplo, podrá apilar cuidadosamente los objetos de acuerdo con un programa preestablecido de instrucciones. Si el director de la fábrica los quiere apilados de forma diferente o apilar otra serie de objetos en otro lugar, todo lo que tiene que hacer es cambiar de programa.

Robots en colaboración con otras máquinas

Los robots también se usan para alojar piezas tales como componentes electrónicos en otras piezas del equipo, por ejemplo tableros de circuitos impresos para equipo eléctrico. Son útiles para sacar objetos de máquinas automáticas, tales como las máquinas-herramienta que sirven para cortar, o los troqueles usados para moldear. En estos trabajos, el robot es un sirviente de otro tipo de maquinaria y realiza un trabajo que normalmente haría una persona.

Los robots se diversifican

Los robots ya están empezando a salir de las fábricas para ocupar puestos diversos. Una tarea que siempre ha sido peligrosa para los trabajadores es la inspección y mantenimiento de las centrales nucleares. Los robots están empezando a encargarse de este trabajo.

La parte fundamental de una central nuclear es el reactor. Ahí es donde tiene lugar la reacción nuclear, generando una enorme cantidad de calor. En una central nuclear clásica, el calor se convierte en electricidad. Dentro del reactor hay barras de uranio radioactivo que proporcionan combustible para la secuencia nuclear.

A medida que se van usando, las barras de uranio han de ser sustituidas. Las máquinas ordinarias no tienen dificultad en sacar y meter las barras, pero hay otras tareas que hacer. Por ejemplo, las barras han de inspeccionarse para detectar posibles fallos una vez que están dentro del reactor. A veces hay que hacer soldaduras de emergencia en el interior de la pared del reactor.

Hace años que los trabajos esenciales dentro de los reactores los han realizado mecanismos que no eran robots. Se les llama dispositivos teleoperadores. A veces se les confunde con robots, pero son brazos mecánicos que responden a las instrucciones de un operador. En una central nuclear el operador se sienta fuera de la zona de peligro, en una sala de control. La característica de un mecanismo teleoperador es que el brazo lo controla un hombre y no un ordenador.

Pero actualmente está apareciendo una nueva generación de robots adaptados al trabajo en centrales nucleares. Taylor Hitec, una compañía cerca de Manchester, Inglaterra, está trabajando en un mecanismo que pueda deslizarse a través de un orificio de entrada en el reactor. Entonces se abre como un paraguas convirtiéndose en una mano de robot. Un ordenador situado por encima del reactor al cual está unida la mano por cable, programa la máquina para realizar un determinado trabajo. Puede ser una simple inspección (para lo cual el brazo sostiene una cámara de televisión), o quitar piezas metálicas.

Taylor Hitec también está trabajando en otro proyecto más ambicioso. Es un robot que puede desmontar el núcleo altamente radioactivo de una central nuclear cuando ya no se necesite. Este trabajo también es demasiado difícil y peligroso para personas.

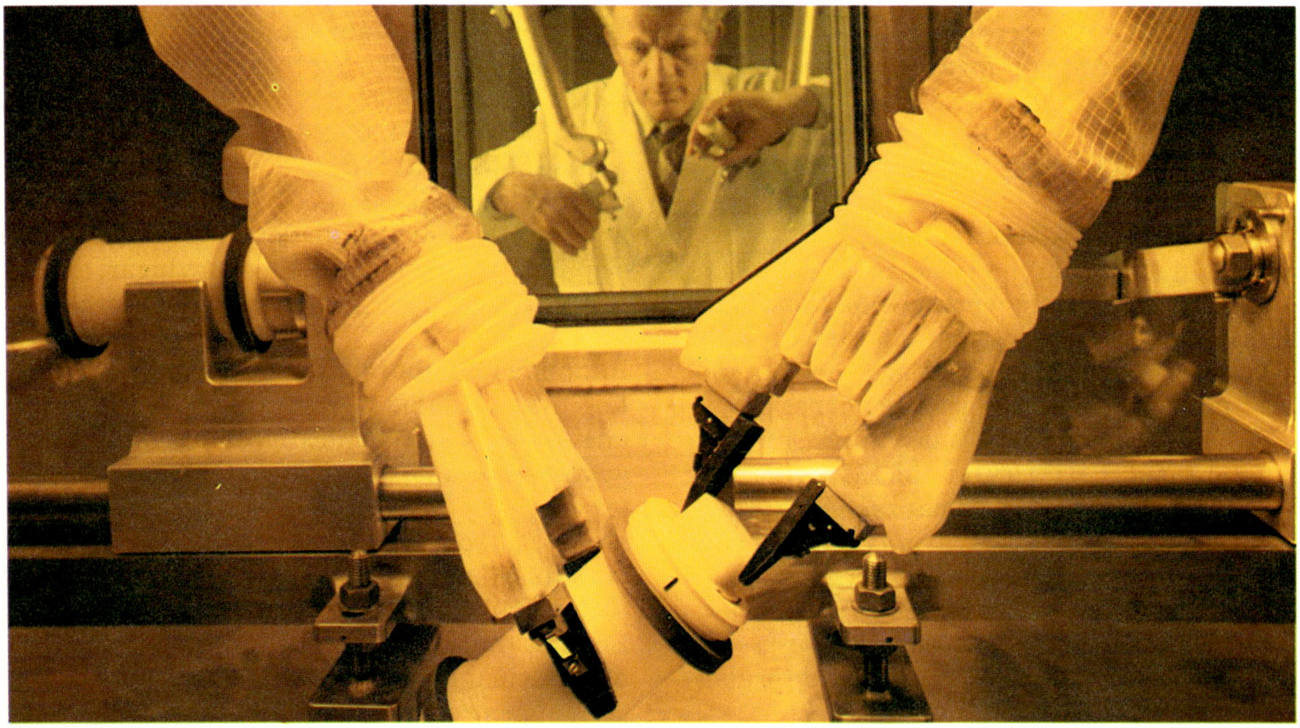

Chocolate, calzoncillos y la Armada de los EE.UU.

Los robots están trabajando en otras áreas poco usuales. Las fábricas de chocolate, por ejemplo, los usan para meter los bombones en cajas. Esta tarea se hace normalmente a mano, pero es aburrida y puede hacerse más barata mediante una máquina programada.

La empresa escocesa Lyle and Scott, que fabrica calzoncillos, quiere poner robots en sus salas de costura. Los robots cogerían piezas de tela y las pasarían a las máquinas de coser que confeccionarían las prendas.

Una compañía de los Estados Unidos tiene un diseño de robot que puede lanzar agua a presión para limpiar los cohetes impulsores de la Lanzadera Espacial. Esto permitiría la reutilización de los motores. También en los Estados Unidos, un robot de la Armada extrae remaches estropeados de las alas de aeronaves. La Armada de los EE.UU. también ha diseñado un mecanismo programable que se arrastra por la superficie de grandes navíos limpiándola de percebes.

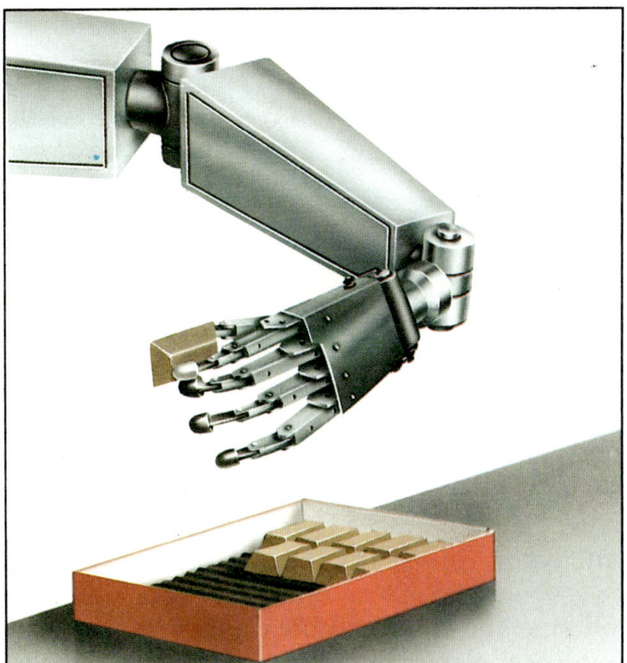

◀ Aquí se ve a un técnico usando un brazo teleoperador para realizar una compleja tarea científica. El mecanismo actúa meramente como una prolongación del brazo de la persona.

▲ Meter bombones en cajas es una tarea fastidiosa. El operario puede ponerlos en posición equivocada o aplastarlos. Ahora los robots empiezan a hacerse cargo del trabajo.

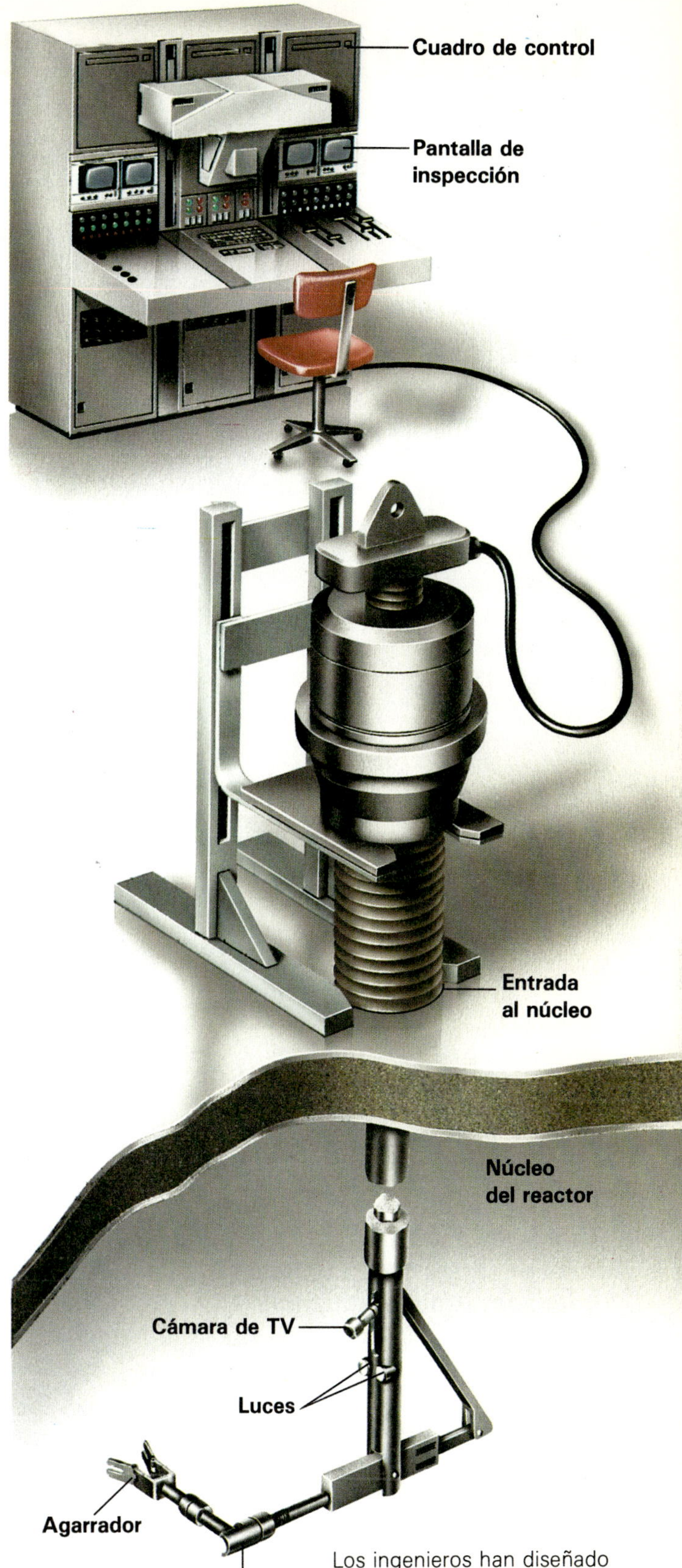

Los ingenieros han diseñado robots para trabajar dentro de los reactores. Recogen piezas metálicas o inspeccionan con una cámara de TV.

La fábrica automatizada

◀ En esta fábrica de automóviles, las carrocerías avanzan por una cadena clásica de producción y van soldándose al pasar. Una cadena de soldadura robotizada como esta, es controlada por un ordenador central.
Puede producir hasta 1.000 carrocerías al día.

▶ En la fábrica del futuro, las tres áreas de trabajo principales (planificación y administración, proyectos y fabricación) estarán controladas por la misma serie de ordenadores. Habrá muchos menos trabajadores que en las fábricas actuales. La mayoría de los operarios se necesitarán para cambiar los programas de ordenador.

Para comprender el impacto de los robots en nuestras vidas hemos de examinar un poco más de cerca la forma en que se relacionan con otros tipos de una nueva maquinaria. Los robots solos, por «inteligentes» que lleguen a ser, nunca harán todas las tareas de la fábrica. No son más que una parte de la masa de maquinaria controlada por ordenador que gradualmente va adquiriendo importancia en la industria. Ello está reduciendo la necesidad de operarios.

El principio de la automatización

La llegada del ordenador electrónico en los años 50 introdujo una nueva palabra en nuestro lenguaje: automatización. Este es el nombre dado a la sustitución de esfuerzo humano por maquinaria controlada por ordenadores. Los robots, pues, son una parte del proceso de automatización, pero otros tipos de maquinaria desempeñan un papel importante.

Empleo de ordenadores y robots

En una fábrica típica hay tres áreas de trabajo principales: planificación y administración, proyecto y fabricación. En planificación y administración, el personal de oficina lleva cuenta de los pedidos de clientes y de los suministros de proveedores. Los ordenadores desempeñan un gran papel en este trabajo. Usando terminales de ordenador, como pantallas y teclados, los operarios tienen acceso a un gran ordenador que contiene información sobre el funcionamiento de la fábrica. También pueden suministrarle información que será útil más adelante.

Algo parecido sucede en el departamento de proyectos. Los diseñadores pueden determinar la forma de nuevos productos en terminales de ordenador. En sus pantallas pueden representarse dibujos y otras informaciones. Los proyectistas también pueden usar sus terminales para acceder a información esencial almacenada

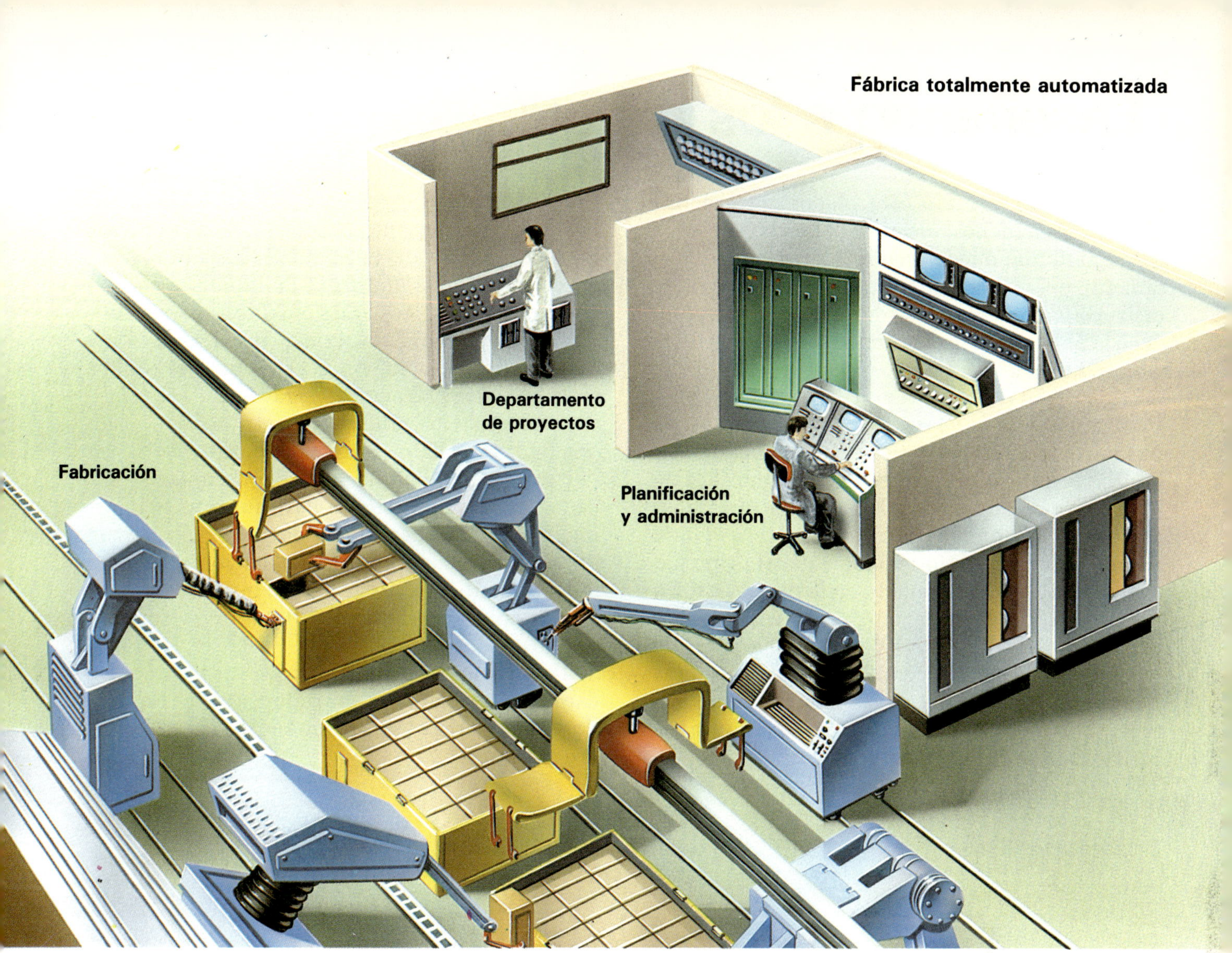

en el ordenador central, como, por ejemplo, detalles de los productos existentes, o pedidos que se esperan en los próximos seis meses.

Los robots, como ya hemos visto, pueden realizar muchas tareas útiles en el proceso de fabricación. También pueden actuar con las máquinas herramientas que ejecutan las operaciones de cortar y dar forma al metal, madera o plástico con los que se hacen los productos de la fábrica. Estas máquinas también suelen estar controladas por ordenadores. Los programas dan instrucciones a las máquinas para cortar una pieza de metal de una cierta manera, hacer tal número de agujeros en tales puntos del material, etc. En algunas fábricas avanzadas, un ordenador controla un grupo de máquinas herramientas y los robots que alimentan a las mismas con material. El ordenador también puede controlar a otros robots que, por ejemplo, elevan piezas transportadas por cinta.

Fábricas del futuro

Si estas tres áreas principales del trabajo de la fábrica pueden ponerse bajo el control de la misma serie de ordenadores, la fábrica está todo lo automatizada que es posible. La principal característica de una fábrica así es que hay pocos trabajadores ocupados en labores manuales. La mayoría están en planificación y proyectos, más unos cuantos ingenieros de mantenimiento para cuidar del funcionamiento continuado de las máquinas. La mayoría de los trabajadores estarían ocupados en cambiar la forma y naturaleza de la producción, modificando los programas en los ordenadores centrales. Existen muy pocas fábricas de este tipo en la actualidad, pero a lo largo de los próximos veinte años irán proliferando.

Enseñando a los robots

Todos los robots están controlados por ordenadores. Pero a menos que un robot tenga sensores de manera que pueda recibir información directamente del mundo exterior, alguien debe poner instrucciones en el ordenador para que sepa qué decirle al brazo. Esto se conoce como programación del robot.

Programación

Las partes más importantes de un ordenador son la unidad central de proceso y la memoria. Las instrucciones que hay en la memoria son transmitidas a la unidad central de proceso donde actúan sobre otra información (que al principio también estaba almacenada en la memoria). En un ordenador normal, un operador introduce una serie de cifras, seguidas por una serie de instrucciones que le dicen a la máquina que haga una cierta operación con las cifras, que podría ser, por ejemplo, sumarlas. Este conjunto de instrucciones se llama programa.

Códigos de ordenador

Las instrucciones, más el resto de la información que hay dentro de la memoria del ordenador, están codificadas en forma de impulsos eléctricos, cada uno de los cuales puede estar «encendido» o «apagado». Esta serie de impulsos a su vez puede representarse por una secuencia de dígitos en la cual 0 representa «apagado» y 1 «encendido». Este sistema numérico en el que sólo se usan dos dígitos se llama sistema binario.

Pero para el hombre sería demasiado complicado utilizar ese sistema para introducir información en un ordenador. Por eso los técnicos en ordenadores han preparado códigos especiales que automáticamente traducen instrucciones escritras en inglés, al sistema binario que entienden los ordenadores.

Todavía no es posible usar frases ordinarias. En cambio, las palabras se introducen en los ordenadores en forma de «lenguajes» especiales de ordenadores.

Programando un robot

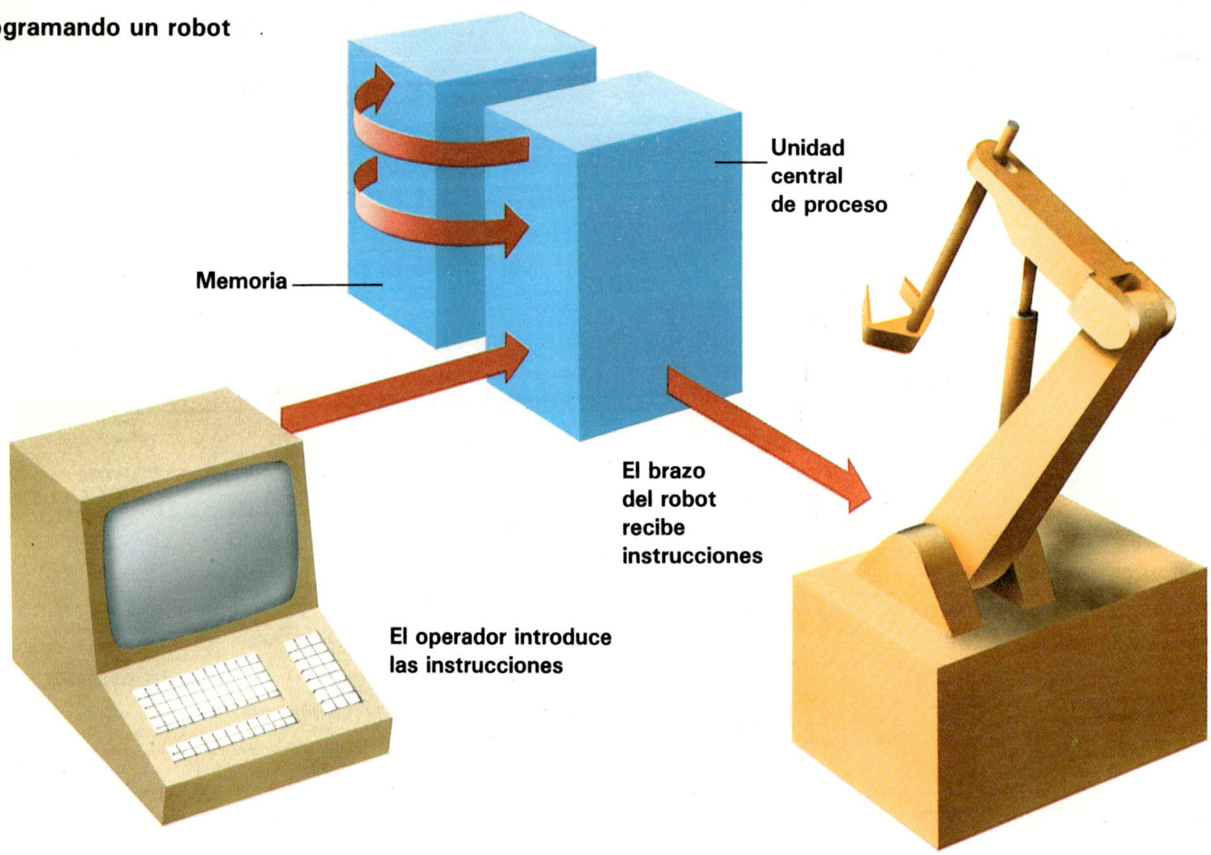

Datos

Para programar un robot, una persona necesita normalmente darle dos series de informaciones, o datos. La primera se refiere a la situación en que el robot debe trabajar. Por ejemplo, el programador tiene que decirle al robot a qué distancia está de la máquina herramienta (si la tarea es alimentar la máquina con piezas) y detalles sobre la forma y características de la herramienta.

La segunda serie de datos concierne al trabajo exacto que se pide al robot. En el ejemplo anterior, entre estos datos habría instrucciones sobre el número de piezas a introducir en la máquina y sobre la forma de las mismas. Esta serie de instrucciones también podría incluir información complementaria que el robot podría utilizar si algo saliera mal. Por ejemplo, si el suministro de piezas mediante cinta transportadora cesara por cualquier motivo, debería decírsele al robot que se detuviera.

En el programa también pueden estar incluidas las posiciones que el brazo del robot ha de adoptar a lo largo de la ejecución de la rutina. Tal información puede ser necesaria para evitar que el brazo tropiece con objetos mientras está en funcionamiento.

Enseñar haciendo

Una manera muy útil de instruir a los robots se llama «enseñar haciendo». En este método un operario guía al robot a lo largo de una cierta secuencia de acciones. El robot «recuerda» las posiciones introduciendo automáticamente la información en su propia memoria, junto con detalles de lo que ha de hacer en cada etapa. «Enseñar haciendo» es especialmente útil cuando la tarea la realiza normalmente una persona muy hábil, y en los casos en que sería difícil proporcionar al robot detalles exactos del trabajo.

Enseñando a pintar a un robot

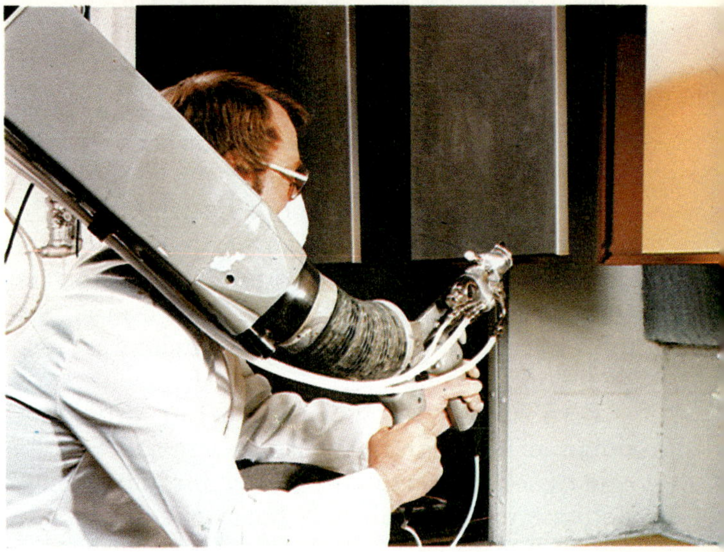

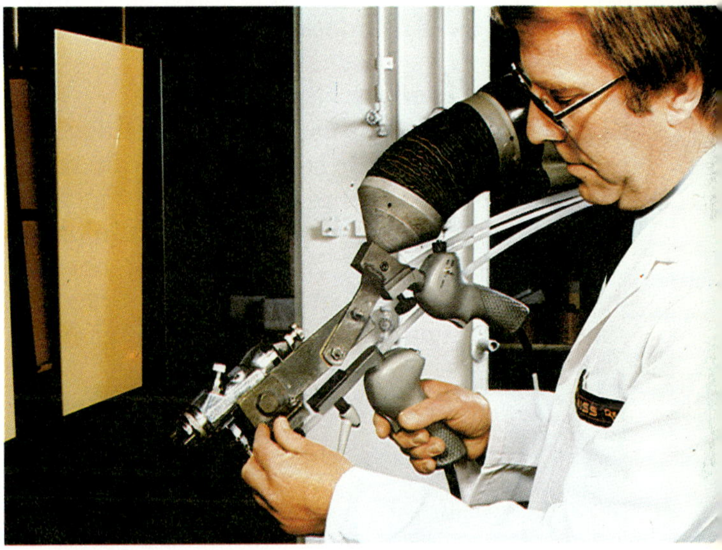

▶ "Enseñar haciendo" es la expresión usada para indicar que se instruye a los robots en una cierta operación guiándolos manualmente durante su ejecución. Aquí (arriba) vemos que una persona está moviendo un brazo de robot de la misma manera en que movería su propio brazo al pintar a pistola un objeto. El robot "recuerda" las posiciones para volver a usarlas. Otras instrucciones (por ejemplo, cambio de color en un cierto punto) pueden darse al robot por medio de un teclado. Finalmente (abajo) el robot repite los movimientos realizando el trabajo como se le ha enseñado.

Robots sensibles

Todos los robots que hemos visto hasta ahora eran por completo dependientes de las personas. Aunque el robot puede hacer un trabajo sin supervisión, alguien tiene que decirle a su ordenador lo que tiene que hacer, poniéndole un programa. Además, si durante la ejecución del trabajo sucede algo que el robot no estaba programado para tomar en consideración, es incapaz de reaccionar.

Pero hay una solución para este problema: dotar al robot de mecanismos semejantes a los que tienen las personas para recibir información del exterior y canalizarla hasta el cerebro. Los ingenieros les llaman sensores. Los sensores humanos más importantes son los ojos, los oídos, la nariz y las terminaciones nerviosas.

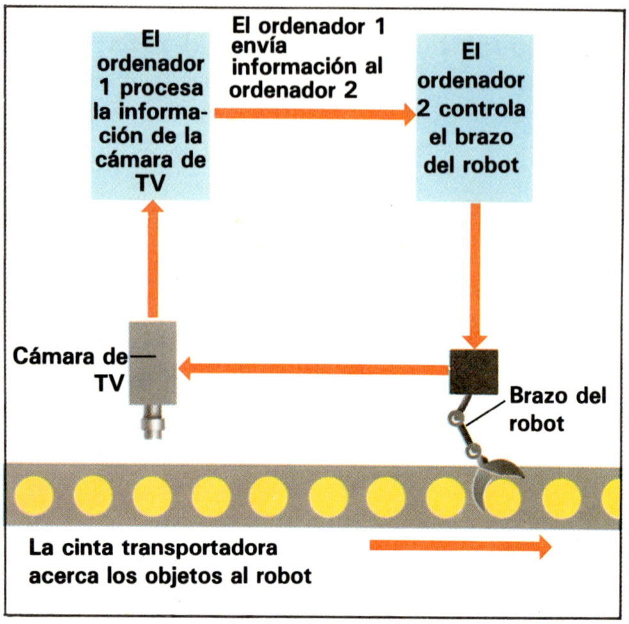

▼ Pocos robots con visión operan en las fábricas del mundo. En esta figura, uno de ellos ejecuta los distintos pasos "viendo" los objetos con una cámara de TV para poder asirlos.

▲ Un robot "con vista" necesita dos ordenadores. Uno controla su brazo y el otro analiza la información proporcionada por una cámara de TV.

Robots que «ven» y «tocan»

El procedimiento más usual de dar sentidos a los robots es por medio de la visión. Una cámara de televisión toma imágenes (quizá de un objeto que el robot ha de recoger) y proporciona la información a un ordenador. Este ordenador normalmente es distinto del que controla el brazo del robot. El ordenador ha sido programado para

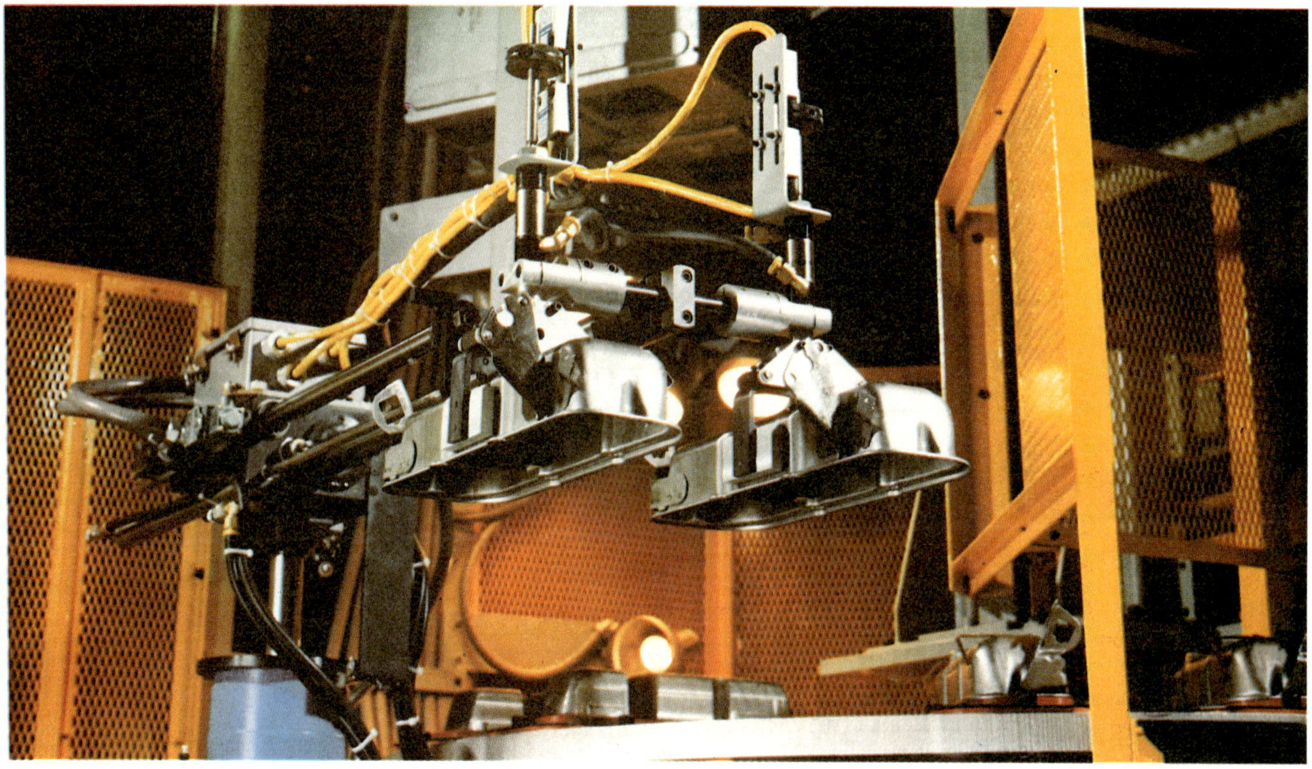

▼ Para juzgar si una habitación está suficientemente oscura para encender la luz, un robot necesita un fotómetro controlado por ordenador, en lugar de ojos y cerebro.

▶ Para soldar algo con precisión se necesita el sentido del tacto. En la figura se ve un robot de soldadura que detecta la posición de una pieza de metal con sensores de presión.

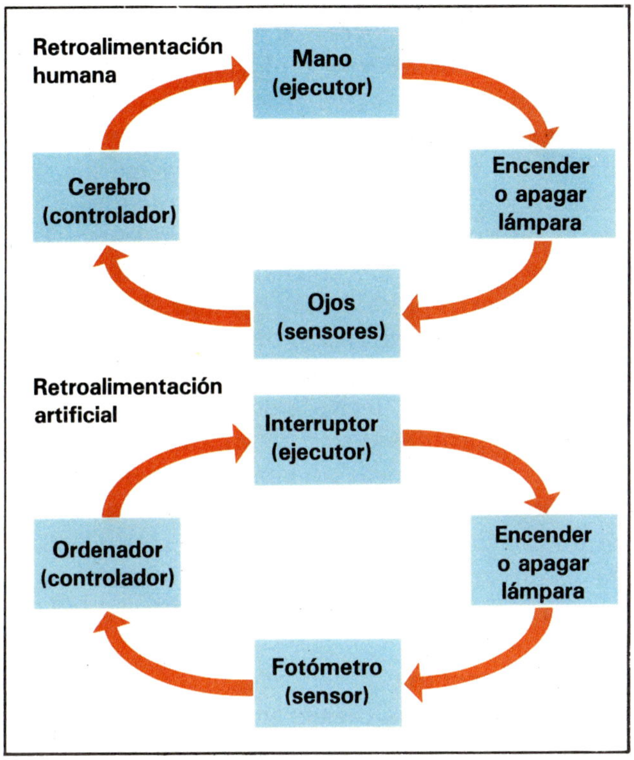

procesar la información proporcionada por la cámara de televisión. La convierte en una forma que pueda ser usada por el ordenador que controla el brazo, donde se añade a otra información ya almacenada allí. El robot tiene ahora suficiente información para realizar su labor: instrucciones sobre lo que tiene que hacer y una imagen de los objetos y herramientas con los que está trabajando.

Una ventaja obvia de un robot con visión es que se le puede alimentar con piezas de formas diferentes y manejarlas todas perfectamente bien. Reconocerá cada una y su «mano» sabrá cuál es el mejor lugar para cogerla. Un robot «ciego» intentaría coger todas las piezas del mismo modo, posiblemente con resultados desastrosos.

Otro sentido de los robots puede ser el tacto. Los técnicos pueden colocar sensores de fuerza al extremo de la mano del robot. Cuando estos sensores tocan algo, envían información de lo que pasa al ordenador. Por ejemplo, cuando el robot choca con una pared, los sensores de fuerza envían esa información al «cerebro» del robot que le hace cambiar sus acciones para que no vuelva a chocar con la pared.

Feedback (retroalimentación)

Los ejemplos de robots sensibles a la vista y el tacto demuestran lo importante que es la idea de «retroalimentación». La «retroalimentación» es la posibilidad de que las acciones de personas o cosas sean modificadas o cambiadas por los sucesos exteriores. Las personas usan la retroalimentación continuamente en su vida cotidiana. Entra en juego, por ejemplo, cuando caminamos por una carretera, vemos un árbol en nuestro camino y nos echamos a un lado para evitar tropezarnos con él y herirnos. Los intentos para dar retroalimentación a los robots son necesarios si han de sernos útiles en varias situaciones diferentes. Desgraciadamente, no es fácil dotar a los robots de esta capacidad. Es muy difícil codificar información del exterior de modo que tenga sentido para el ordenador y luego asegurarse de que procese los datos con suficiente rapidez para que el robot responda. En la actualidad, probablemente sólo un cinco por ciento de los robots del mundo tienen sentidos. Se les llama robots de la segunda generación.

Robots en movimiento

Equipados con sensores, los robots podrían tener gran cantidad de usos en áreas no pertenecientes a la industria general. Un buen lugar para ellos podría ser el hogar. Una compañía japonesa está gastando más de 20 millones de pesetas al año en investigación para hacer posibles los robots domésticos. Tales robots podrían, por ejemplo, abrirnos la puerta a nuestra llegada a casa, traernos las zapatillas y servirnos una copa.

Robots sobre ruedas

Los robots tendrían que ser móviles, además de tener sensores, para poder desplazarse. En Gran Bretaña, grupos de ingeniería de la GEC en Rugby y en la Universidad de Warwick están intentando fabricar robots sobre ruedas. Están diseñados para el trabajo en fábricas, pero podrían ser igual de útiles en el hogar. Necesitarían una fuente de energía como un motor eléctrico y un sistema de retroalimentación para enviar información sobre el entorno exterior a un mecanismo de dirección.

Los robots móviles tendrían muchos otros usos. Por ejemplo, podrían actuar en la construcción y en el fondo de minas. Durante muchos años los técnicos han soñado con poner a trabajar a los robots en lugares desagradables como las minas. Unos sensores los guiarían a lo largo de los túneles hasta el frente de extracción de carbón. Allí los robots excavarían el carbón y lo cargarían en camiones.

Robots en el lecho marino

Un lugar todavía más prometedor para los robots podría ser el fondo del mar. El lecho del Pacífico y de otros océanos profundos está sembrado de trozos de roca en forma de patata que contienen metales raros como manganeso o níquel. En un mundo que se está quedando gradualmente sin sus metales más preciados, los técnicos se han preocupado por encontrar un medio de sacar esos trozos a la superficie. Los métodos tradicionales consisten en arrastrar una serie de trineos por el fondo del mar, o succionar la roca con una máquina semejante a una aspiradora gigante. Pero los robots podrían avanzar realmente por el lecho marino buscando los trozos más prometedores. Después los cargarían en cubas que los llevarían hasta la superficie. Los robots tendrían que orientarse entre los objetos del fondo. Puede que incluso tuvieran que navegar esquivando a los tiburones. También sería necesaria una capa de pintura anticorrosiva.

Robots «insecto»

La mayoría de los robots móviles usan ruedas para desplazarse, pero algunos ingenieros están usando las posibilidades de los robots sobre patas. Aunque se parecen más a las personas, los robots con dos piernas son desaprobados en los círculos ingenieriles. Los investigadores han encontrado difícil hacer que los robots de esta clase se muevan fácilmente. Son torpes y se caen con facilidad. Los robots con seis y hasta ocho patas son mucho más prácticos. Se ha rumoreado que en la Unión Soviética se están desarrollando robots de esta clase para su uso en una posible guerra. Tales robots «insecto» serían excelentes para desplazarse en terreno abrupto donde los vehículos ordinarios, como los tanques, son inapropiados.

◀ Los robots que pueden moverse han sido el objetivo de los técnicos durante años. En uno de los primeros diseños, la Junta de Energía Atómica del Reino Unido ideó un robot rudimentario, que se ve en la figura, el cual se desplazaba sobre orugas.

▶ Los robots móviles del futuro podrán operar bajo el mar (arriba) y en el fondo de las minas (abajo). Los robots ''acuáticos'' recogerían nódulos metálicos del lecho marino, o quizá rescatarían restos de naufragio.

Robots en el espacio

Los científicos ya han hecho gran uso de las máquinas en el espacio. Aunque mucha gente querría imitar a los astronautas y dar un viaje adentrándose en el cielo, la verdad es que el espacio no es un lugar muy cómodo. Es frío y oscuro y carece de las comodidades que hacen la vida agradable o por lo menos soportable en la Tierra. Y lo que es más importante, el aire que necesitamos respirar para vivir falta en el espacio.

Las máquinas han permitido a las personas hacer uso del espacio. Las compañías de comunicaciones han puesto en órbita satélites que envían información de una parte a otra de la Tierra. Otras naves espaciales nos envían información del tiempo y toda clase de datos científicos. Por ejemplo, información sobre la naturaleza del Sistema Solar, e imágenes de otros planetas.

El *Viking* y el *Voyager*

La mayoría de este material espacial no entra de modo alguno en la categoría de robot. Va desde maquinaria automática que regularmente envía datos científicos a la Tierra, hasta equipo que conecta llamadas de teléfono sin intervención humana. Unas cuantas naves espaciales, sin embargo, han estado muy cerca de ser robots. Entre ellos están los vehículos *Viking* que los Estados Unidos enviaron a Marte en 1976. Tenían aparatos en forma de cuchara que excavaban el suelo para tomar muestras, y que estaban controlados por ordenadores a bordo de la aeronave. La última nave *Voyager* que los Estados Unidos enviaron a las profundidades del Sistema Solar en 1977, contiene ordenadores que pueden guiarla en una cierta dirección y ser programados por ondas de radio emitidas desde la Tierra.

Robots navegantes espaciales

A lo largo de los próximos años pueden aparecer en el espacio robots mucho más familiares. Serían más avanzados que los robots que ya funcionan en las fábricas terrestres. Una interesante posibilidad para los robots es el cuidado de las estaciones espaciales que seguramente quedarán establecidas hacia el final de este siglo.

Las características diferenciales del espacio (baja gravedad, ausencia de aire y abundante energía solar) hacen posible que algunos procesos industriales puedan desarrollarse allí en condiciones mucho más favorables que en la Tierra. Probablemente nadie querría trabajar en las factorías espaciales a causa de las desagradables condiciones de vida. Sería como trabajar en una plataforma petrolífera marina, pero mucho peor y más lejos de casa. Estos problemas han llevado a la idea de una nueva raza de robots navegantes espaciales.

Estos robots podrían estar equipados con pequeños motores-cohete para poder desplazarse. También necesitarían ventosas para caminar en un entorno de baja gravedad y no caer al espacio.

A medida que se fueran haciendo más avanzados y hábiles, los robots espaciales podrían trabajar en otras tareas, como reparar naves espaciales averiadas. Podrían también construir enormes plataformas para albergar paneles de células solares que captaran la energía del Sol y la enviaran a la Tierra en forma de microondas. Esto contribuiría gradualmente a resolver los problemas energéticos del mundo. Los robots móviles sobre ruedas podrían también rodar sobre la superficie de los planetas, haciendo el papel de exploradores.

Hacer trabajar en el espacio a robots en vez de seres humanos, también ahorraría dinero. Según cálculos hechos en los Estados Unidos, mantener en el espacio a una persona durante una hora asegurándose de que vuelve a la Tierra viva cuesta poco más de 1 millón de pesetas. Los robots espaciales serían caros de desarrollar, pero una vez en órbita costarían mucho menos de mantener que las personas. Además, si un robot espacial se estropeara, podría ser sustituido fácilmente.

◀ La sonda espacial estadounidense *Voyager* ha iniciado un recorrido del Sistema Solar exterior. Su momento culminante tendrá lugar cuando se acerque a Neptuno en 1989. La sonda es un prototipo de los robots espaciales completamente independientes que podremos ver en el futuro.

▲ Los ingenieros espaciales estadounidenses han diseñado el *Mars Rover,* un vehículo robótico que podría rodar por Marte. El vehículo tendría sensores tales como cámaras de TV, para recoger información de su entorno.

▶ Los EE.UU. posaron dos sondas *Viking* en Marte en 1976. Eran capaces de analizar muestras de suelo y de la atmósfera marciana.

Robots en la ficción

◀ El robot Gort, un gigante de 3,60 metros, apareció en *Ultimátum a la Tierra* (1951).

▼ Tobor, de *Tobor el Grande* (1954), era un héroe que cuidaba al hijo de su inventor.

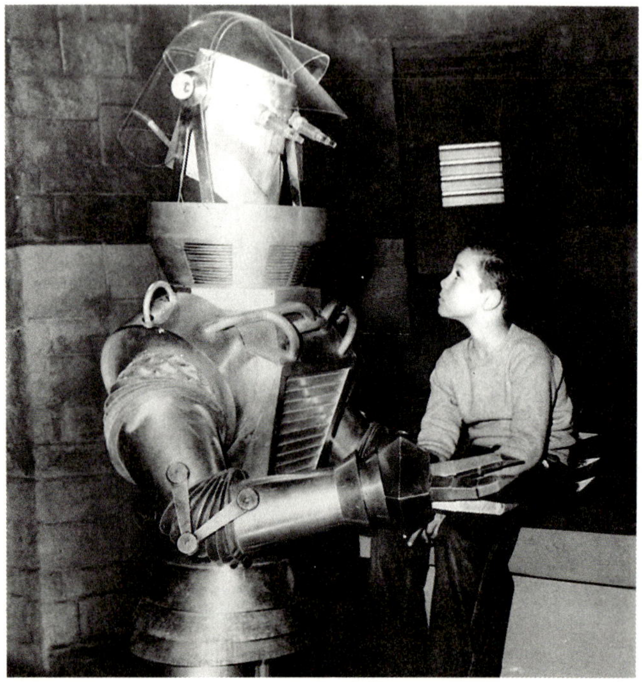

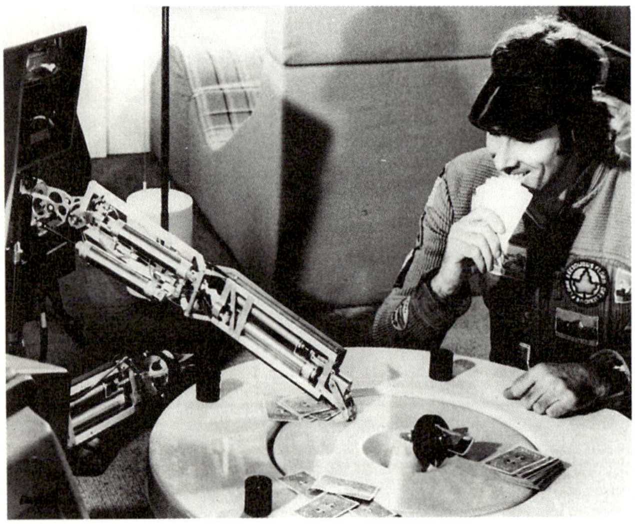

◀ En un filme titulado *Carrera silenciosa* (1972), un robot demuestra su capacidad para jugar a las cartas con un hombre.

▶ La película *La guerra de las Galaxias* (1977) presentó a los robots como criaturas amistosas y simpáticas. Aquí vemos a C-3PO y R2-D2.

El significado de la palabra «robot»

La palabra «robot» tiene sus raíces en la ficción. El término entró en la lengua inglesa a partir de la palabra checa *robota*, que significa «servidumbre». Su uso se extendió como consecuencia de una comedia del escritor checo Karek Capek titulada *Los Robots Universales de Rossum* o *R.U.R.* La obra se escribió en 1920 y fue traducida al inglés tres años después. Se representó por primera vez en el Teatro Nacional de Praga en 1921.

Los Robots Universales de Rossum

Merece la pena saber algo de *R.U.R.* Porque marcó una pauta para futuras obras y películas sobre robots. En *R.U.R.* una fábrica, dirigida por un hombre llamado Rossum, hace máquinas androides que realmente parecen personas y se comportan como tales. Los androides tienen una gran capacidad de trabajo. Al principio Rossum vende muchos de ellos a otras fábricas. Pero después de un tiempo los acontecimientos dan un giro siniestro. Los robots aprenden a pensar por sí mismos. Se rebelan contra sus controladores humanos y poco a poco se apoderan del mundo.

Este tipo de metamorfosis aparece en gran parte de la obra literaria que siguió a *R.U.R.*, y muchos relatos describían a los robots como malvados y amenazantes. Incluso las palabras que Capek puso en boca de Radius, el robot jefe, son semejantes a las que han pronunciado las siguientes generaciones de robots a la vez que dominaban a los acobardados humanos. Al tomar posesión de la fábrica, Radius explica en uno de sus discursos: «Somos los dueños de todo. Ha caído el poder del hombre. Ha surgido un nuevo mundo: el gobierno del Robot.»

◀ Los Daleks, de la serie de TV *Dr. Who,* son visitantes del espacio que hacen la guerra al hombre.

▼ Los robots también han actuado en exhibiciones. Aquí uno de ellos, llamado ON/OFF, y su compañero, realizan su programa.

Los robots en el cine

Los robots, y mayormente los androides, también protagonizan muchas películas y telefilmes. En *Objetivo la Tierra*, el argumento es familiar. Robots extraterrestres intentan apoderarse del mundo. *Autómatas de la Estratosfera* (1935) y *El Imperio Fantasma* (1952), se basan ambas en aventuras espaciales. Los robots de estas películas también son amenazadores. Fue la película *La Guerra de las Galaxias* (1977) la que presentó a los robots como criaturas amistosas, incluso encantadoras, que realmente ayudan a la gente en lugar de atacarla.

Las «Tres Leyes de la Robótica»

El escritor Isaac Asimov ha desempeñado un papel importante en presentar a los robots como seres con los que el hombre puede encontrar algún tipo de sentimiento común. En algunos de sus relatos, los robots son fabricados por una compañía llamada «Robot y Hombres Mecánicos S.A.» Esta empresa tiene un robot psicólogo que se asegura de que el cerebro de cada máquina funciona de manera que el robot no cause problemas al hombre. Asimov incluso se molestó en 1940 en enunciar sus famosas «tres leyes de la robótica», encaminadas a asegurarse de que los robots actuarán para el bien de la Humanidad.

Las leyes son:

1. Un robot no debe hacer daño a un ser humano, ni siquiera por inacción.

2. Un robot debe obedecer siempre a los seres humanos, a menos que con ello desobedezca a la primera ley.

3. Un robot debe protegerse de todo daño, excepto si con ello desobedece las leyes 1 y 2.

Robots inteligentes

Ninguno de los robots que hemos mencionado hasta ahora puede competir con el hombre en un aspecto importante: pensar. Incluso los robots de la «segunda generación», con sensores que captan información del entorno, se quedan muy por detrás de las personas en su capacidad de interpretar esa información y actuar en consecuencia. Las máquinas de «segunda generación» reaccionan simplemente como un reflejo de lo que esté sucediendo a su alrededor. La capacidad de evaluar la situación, quizá comparándola con la experiencia previa, está fuera de su alcance.

Robots de la tercera generación

¿Pero cómo proponen los técnicos hacer el nuevo estilo de ordenador? Hay dos ideas en la base de esta tarea. En primer lugar, los investigadores desean cambiar sus instrucciones o programas. En la actualidad, casi todos los ordenadores del mundo manejan las instrucciones una tras otra o secuencialmente. Y ello, porque las unidades electrónicas de los ordenadores no son muy complejas. Su diseño es muy simple comparado con el cerebro humano.

En el cerebro humano pueden tener lugar a la vez, en paralelo, muchas líneas de pensamiento o procesos de ideas. Por eso los hombres pueden pensar a la vez en muchas ideas no relacionadas. Hay personas capaces de conectar estas ideas llegando a conclusiones sorprendentes o produciendo trabajos brillantes. Así es como, por ejemplo, Sir Isaac Newton pudo idear las leyes de la gravedad, y Bach componer su música.

Diseñar máquinas con este elemento de proceso en paralelo no es fácil. Hay que poner en movimiento diferentes ramas de «pensamiento» y volver a enlazarlas entre sí de vez en cuando. Fabricar una máquina que funcione así es como planear una complicada red ferroviaria. Esa red tiene que hacer un enorme número de conexiones, y cada tren tiene que llegar a tiempo y con una exactitud de fracciones de segundo.

El segundo método para hacer ordenadores inte-

◀ La Armada de los EE.UU. está diseñando un robot con "inteligencia". Será capaz de tomar decisiones a partir de la información que adquiera de su entorno. La máquina podrá navegar bajo el agua y reparar oleoductos.

Inteligencia artificial

El pensamiento, pues, implica un método de proceso de datos bastante más complejo del que es posible con los «cerebros» de ordenador de los robots actuales. La solución está en mejorar esos ordenadores. Esto nos lleva a una importante área de investigación llamada inteligencia artificial o AI.

Con las técnicas de AI los ordenadores podrían llegar a ser mucho más potentes y versátiles que en la actualidad. Podrían tomar decisiones y ser excelentes sustitutos de los trabajadores humanos. Los nuevos ordenadores con asistencia de AI actuarían también como cerebro de una nueva raza de robots de tercera generación, «inteligentes». Tales máquinas se asemejarían a los androides de la ciencia ficción porque realmente pensarían como personas.

ligentes es rediseñar las memorias. Donde los ordenadores actuales tienen una memoria, las nuevas máquinas tendrían dos. Una almacenaría programas y datos relativos a la tarea ejecutada en el momento, y la otra sería una «base de conocimientos». Almacenaría la gran masa de conocimientos generales que permiten al hombre desenvolverse y funcionar normalmente.

Es necesario enlazar la «base de conocimientos» con la memoria del ordenador y la unidad central de proceso de la máquina, si queremos que los robots de la «tercera generación» sean una realidad. Los investigadores están ya trabajando en estos problemas.

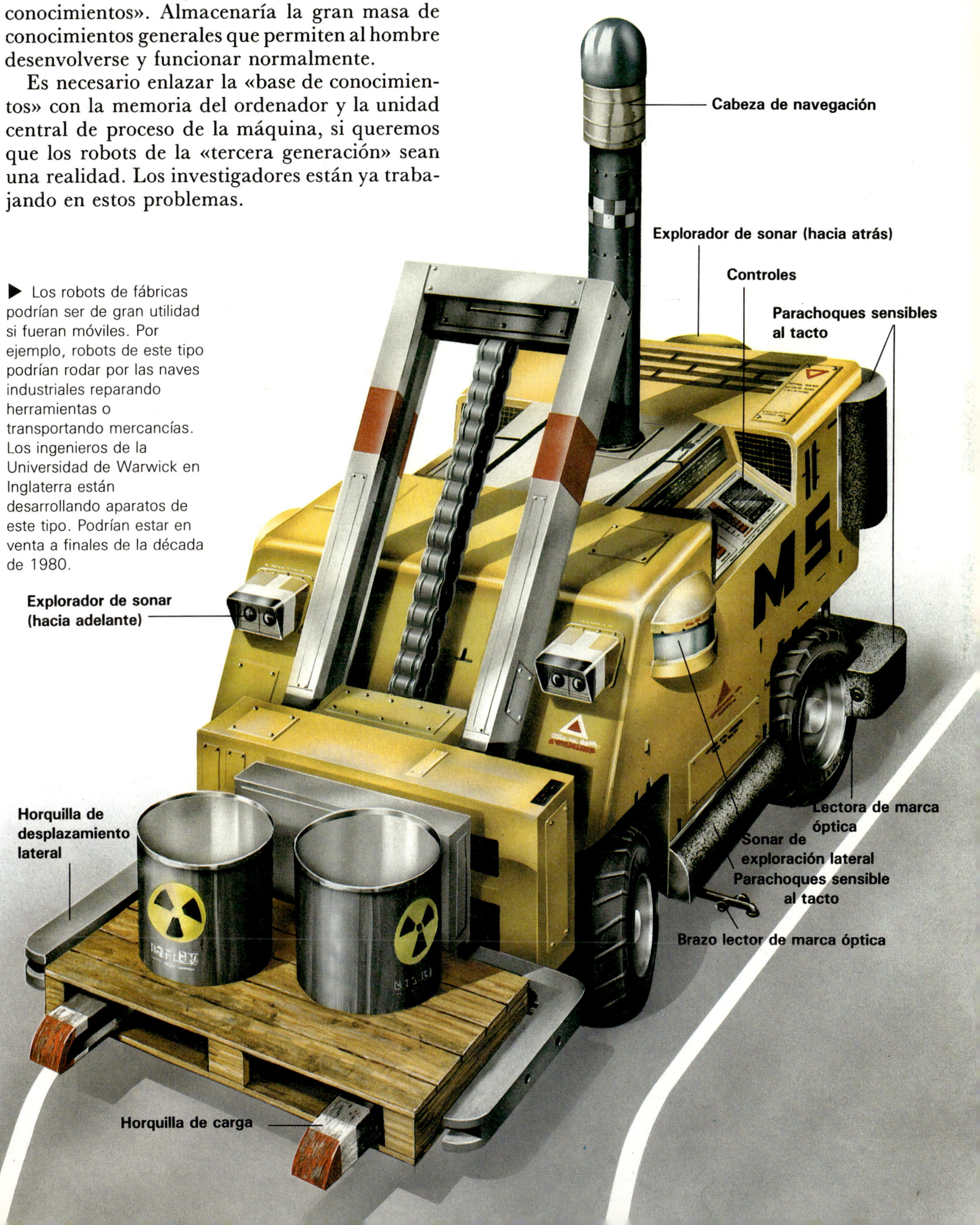

▶ Los robots de fábricas podrían ser de gran utilidad si fueran móviles. Por ejemplo, robots de este tipo podrían rodar por las naves industriales reparando herramientas o transportando mercancías. Los ingenieros de la Universidad de Warwick en Inglaterra están desarrollando aparatos de este tipo. Podrían estar en venta a finales de la década de 1980.

Robots construidos por robots

En los más terroríficos relatos de ciencia ficción con robots, primero se apoderan del mundo y esclavizan a la población humana. Luego, y éste es el punto en que al público se le pone la carne de gallina, los robots empiezan a reproducirse. Aunque los robots que puedan reproducirse aún no han aparecido en la vida real, los investigadores de los Estados Unidos han establecido recientemente las directrices técnicas que probablemente seguirán.

Todo lo empezó en los años 40 John von Neumann, un científico húngaro-estadounidense, a quien también se debe gran parte de los estudios iniciales sobre ordenadores. Estableció que las máquinas deberían ser capaces de reproducirse siguiendo unas ciertas reglas. Más tarde los científicos descubrieron que esas reglas son notablemente parecidas a las que siguen las células animales en su reproducción.

Según la teoría de Von Neumann, un sistema robótico autor-reproductor necesitaría cuatro partes. La primera es una fábrica automática que acopia materias primas y las convierte en productos de acuerdo con instrucciones escritas. La segunda es un duplicador que toma una instrucción escrita y la copia. La tercera es un controlador que envía la instrucción al duplicador para que la copie. Una copia pasa a la fábrica para su ejecución, y la otra a las piezas finales producidas por la fábrica. La parte final del sistema es la instrucción escrita misma que ordena a la fábrica la construcción de una nueva fábrica automática completa con las piezas que ha hecho.

Fábricas en la Luna

Los científicos le dieron vueltas a la idea durante muchos años, pero en el verano de 1980 investigadores de la NASA produjeron un proyecto de cómo operaría un sistema auto-repetidor. La ilustración describe su funcionamiento.

El sistema tiene cuatro partes principales. Hay una unidad procesadora que excava materiales y los refina. También hay un sistema de producción que fabrica piezas con el material proporcionado por la unidad procesadora. Otro sistema de producción obtiene productos completos a partir de componentes individuales. Finalmente hay un «constructor universal». Este constructor es la clave de todo el sistema. Toma piezas de los sistemas de producción y construye con ellas nuevas fábricas completas. Como las nuevas fábricas contienen sus propios constructores universales, el proceso entero puede comenzar de nuevo. De esta manera las fábricas pueden reproducirse a ritmo rápido.

En cada constructor universal hay una serie de robots que saben hacer piezas para las fábricas, pero que también son suficientemente inteligentes para producir nuevos robots. Un hecho interesante acerca del ejercicio de la NASA es que se espera aplicarlo algún día en la Luna. Tal factoría espacial aprovecharía grandemente las valiosas materias primas que hay en la Luna y no necesitaría servicio desde la Tierra. Podría autoaprovisionarse continuamente de nuevos robots operarios.

▼ El hombre seguramente volverá a la Luna durante la década de los 90 o a principios del siglo próximo para extraer materias primas. Muy probablemente las factorías lunares estarán operadas por robots. Los robots podrán auto-repetirse de manera que las factorías tengan una mano de obra ampliable.

El futuro del robot

Desde que empezaron a construirse fábricas, el hombre ha pretendido inventar nuevos tipos de maquinaria que hiciera el trabajo de los operarios. En el siglo XIX, al aumentar la industrialización, los propietarios de fábricas descubrieron que podían producir más artículos no tomando más obreros sino instalando nueva maquinaria.

Al principio del siglo XVII, en la Gran Bretaña, alrededor del 80% de una población de 5 millones trabajaba en el campo. A mediados del XIX la mitad de la población activa del país tenía trabajo en fábricas. Desde el principio del siglo XX esta proporción ha bajado continuamente hasta alrededor del 35% en la actualidad. Otras naciones industrializadas del mundo han seguido modelos semejantes.

Robots: una bendición a medias

El uso generalizado de maquinaria automatizada, ordenadores y robots, continuará esa tendencia. Cada vez habrá en la industria manufacturera menos puestos disponibles para las personas que deseen trabajar. Muchas encontrarán puestos en otras industrias que están creciendo como las de «servicio»: abastecimiento, gobierno local, Banca y transportes. Pero qué sucederá exactamente es difícil de predecir.

El empleo en el futuro

En el pasado aparecieron nuevos tipos de empleo para los trabajadores cuyos puestos habían desaparecido. En el siglo XIX, por ejemplo, se crearon millones de puestos de trabajo por el crecimiento de las fábricas. Sin embargo, sólo unos pocos años antes, nadie hubiera podido decir lo que pasaba en esos extraños lugares.

Por otra parte, la sustitución de mano de obra por robots en las fábricas podría empeorar la alta tasa de paro que ya sufre el mundo industrializado. Aunque se están creando nuevas industrias (como la fabricación y programación de artículos electrónicos), éstas requieren pocos obreros. A mucha gente le preocupa que no se creen suficientes puestos de trabajo para absorber a los obreros que ya no se necesitan en las fábricas.

Aprendiendo a vivir con los robots

El desarrollo de los robots tendrá otro efecto probablemente más profundo, en la sociedad. Los robots harán sentir su presencia no sólo en las fábricas, sino en otras muchas áreas como el hogar, los hospitales y otros servicios. La gente se ha acostumbrado sin dificultad a las nuevas formas de equipo electrónico como lavadoras, ordenadores domésticos y videos. Pero podrían encontrar más difíciles de aceptar las nuevas formas de robot.

Los robots «inteligentes» discutidos antes pueden producir sentimientos encontrados en las personas que trabajan con ellos o los controlan. Algunos escritores argumentan que la gente acogerá bien máquinas con las que se entienda fácilmente. No habría necesidad de dirigirse a la nueva raza de robot con lenguajes especiales de ordenador. Muy probablemente se les hablaría de manera normal. Pero, por otra parte, hombres y mujeres pueden sentirse incómodos en presencia de máquinas que son tan «listas» como ellos, o más.

Los robots del futuro

Una cosa es segura. Los robots que circulen por hogares y fábricas durante el siglo próximo no serán los monstruos metálicos y voluminosos de las películas de ciencia ficción. Estarán especialmente diseñados para encajar en su entorno. Los robots del futuro probablemente serán relucientes, aerodinámicos y con aspecto de aspiradoras ultraeficientes. Poco a poco los robots se harán tan familiares como los motores eléctricos que abundan hoy en hogares y fábricas.

▶ Dentro de uno o dos siglos las máquinas autónomas harán muchas de las tareas mundanas. Es imposible predecir hasta qué punto se introducirán las máquinas en la vida diaria. Pero indudablemente los trabajos más desagradables para las personas serán los primeros en cederse a los robots. Podríamos muy bien ver robots "salvavidas" rescatando víctimas de inundaciones, como se ve en el dibujo. Otras posibilidades son equipos de extinción de incendios y vigilancia de playas.

Hi-fi y sonido estereofónico

En 1877, Thomas Alva Edison demostró que era posible grabar y reproducir el sonido. Desde entonces los técnicos han estado buscando métodos de mejorar la calidad de la reproducción. Los equipos de hi-fi, o alta fidelidad, pueden recrear ahora el sonido con un altísimo grado de exactitud.

Sonido estereofónico

Los primeros sistemas de sonido lo producían en un solo canal y utilizaban un altavoz único. Por eso el sistema se llama monofónico, o «mono» en abreviatura. A esto siguió el sistema estereofónico, que tiene dos canales de sonido y dos altavoces. Uno de ellos emite el sonido de un grupo de instrumentos o voces, y el otro el de otro grupo. Los diferentes sonidos, pues, llegan a nuestros oídos desde direcciones diferentes, como pasaría si estuviéramos escuchando en directo. Por esta causa la ejecución suena más natural. Más recientemente ha aparecido un sistema Ambisonics UHJ que permite controlar la dirección del sonido hasta 360°.

¿Qué forma un Sistema de sonido?

Los sistemas de sonido domésticos solían ser sencillos. El equipo estaba reunido en un gran mueble llamado gramófono.

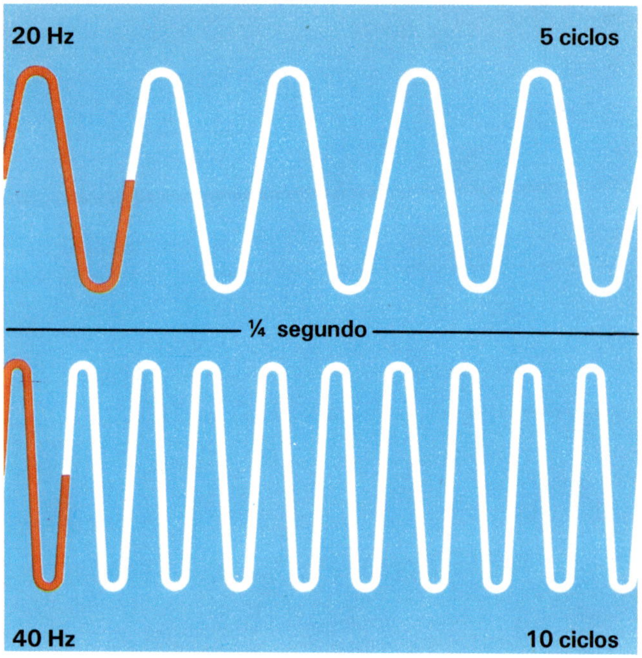

▲ La frecuencia de las ondas sonoras se mide en hertzios (Hz). La frecuencia de un Hz es igual a un ciclo (onda completa) por segundo. En el diagrama superior, hay 5 ciclos en ¼ de segundo, o sea que la frecuencia es 20 Hz. Debajo se ha representado una frecuencia de 40 Hz.

▼ Abajo se representan los elementos de un sistema estéreo. El sonido va por dos canales separados y se reproduce por dos altavoces. El estéreo pretende dar al oyente la dirección y distribución de los sonidos originales. Estéreo significa ''tridimensional''.

◀ Los conjuntos de hi-fi están constituidos por los distintos elementos reunidos en un mueble alto.

▼ Los equipos musicales compactos tienen amplificador, sintonizador, unidad de cassette y tocadiscos en un solo mueble.

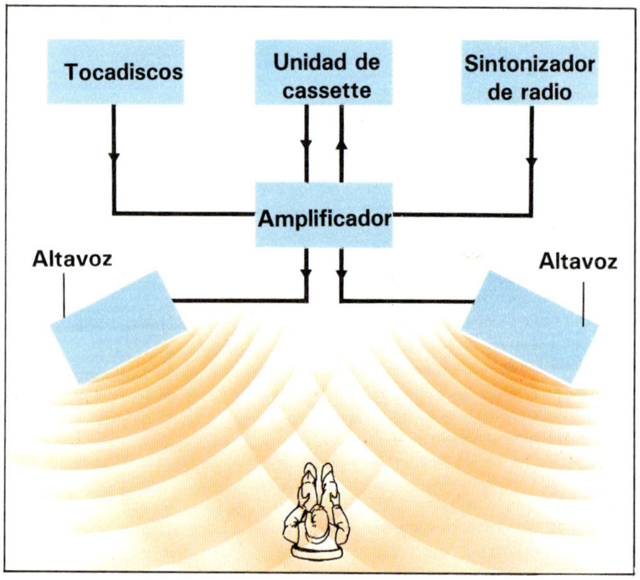

Sistema de sonido estereofónico

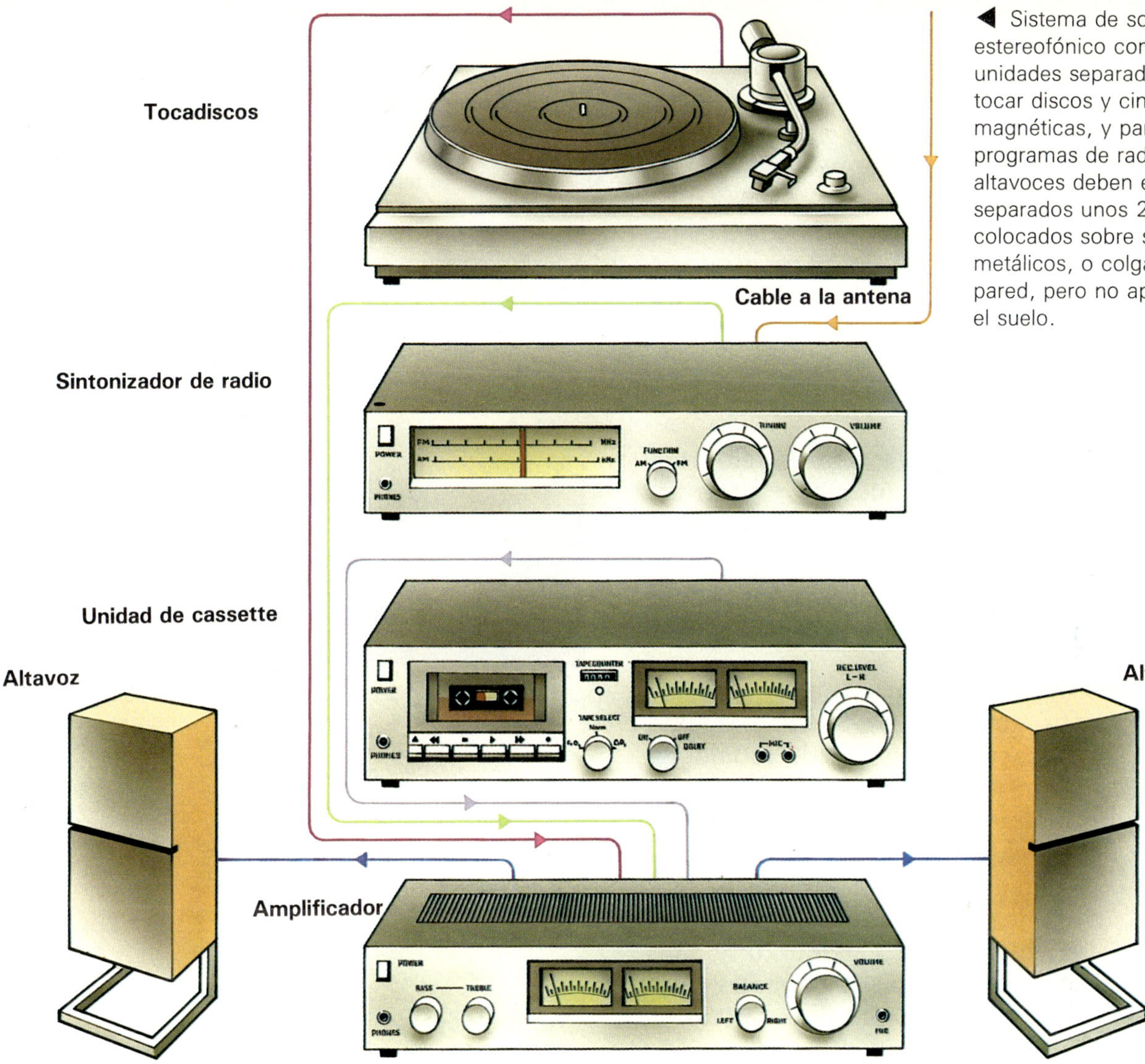

◀ Sistema de sonido estereofónico compuesto de unidades separadas para tocar discos y cintas magnéticas, y para recibir programas de radio. Los altavoces deben estar separados unos 2 metros y colocados sobre soportes metálicos, o colgados de la pared, pero no apoyados en el suelo.

Los modernos sistemas de sonido suelen tener tres grupos de unidades que pueden interconectarse de distintas maneras, lo que da flexibilidad al conjunto. Puede empezarse con un sistema básico y luego ir mejorándolo con el añadido de piezas y la sustitución de unidades existentes por versiones mejoradas.

La fuente sonora o «entrada» del sistema puede ser un tocadiscos, un magnetófono para grabar y reproducir mediante cinta, y un sintonizador de radio. Éstos envían señales eléctricas al amplificador (el corazón del sistema) que aumenta —o amplifica— su intensidad y pone en acción los auriculares y altavoces, que constituyen la «salida» del sistema.

Equipos compactos y sistemas por separado

Los equipos de hi-fi con componentes enlazados por cable pueden dar una soberbia calidad de sonido. Se necesitan varios cables para conectar las unidades entre sí y para el suministro eléctrico, de forma que la parte posterior del sistema puede parecer un plato de espaguettis. Para solucionar este problema se desarrolló el equipo compacto, que consta de amplificador, sintonizador de radio, magnetófono o unidad de cassettes y tocadiscos, en una sola pieza. Las únicas tomas necesarias son la de electricidad y la de altavoces. Otra tendencia es la de los sistemas de hi-fi mini o micro, enormemente compactos.

Tocadiscos

Todos los tocadiscos funcionan más o menos de la misma forma. Constan de un plato giratorio que hace girar el disco, y de un brazo fonocaptor con una cápsula que recibe instrucciones del disco y las convierte en señales eléctricas.

▶ La púa vibra al recorrer el surco de un disco. Estas vibraciones pasan a la cápsula. La forma básica de las púas es la hemisférica, pero actualmente son normales los tipos elípticos y de contacto lineal.

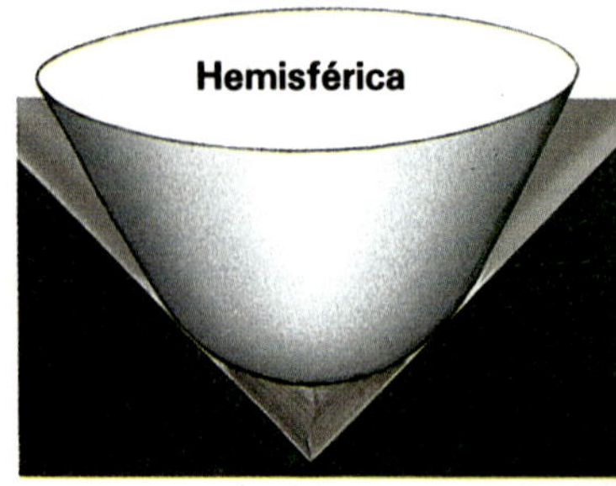

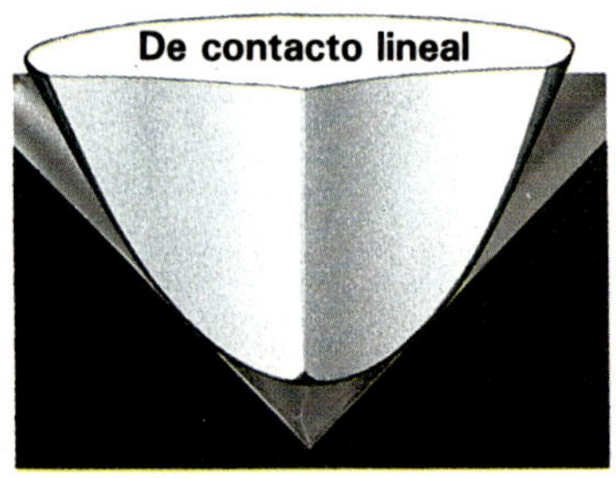

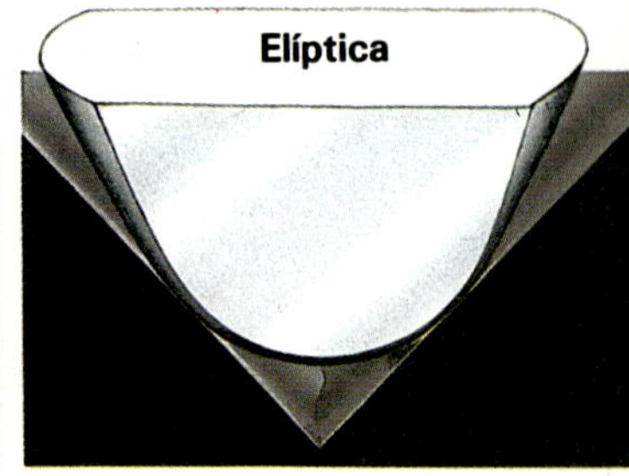

El plato

El plato es circular y gira a una velocidad preestablecida movido por un motor eléctrico. Para discos de LP (larga duración) y para algunos maxisingles de 7 pulgadas, tiene que girar a $33\frac{1}{3}$ (revoluciones por minuto). Para la mayoría de los discos de 7 pulgadas va algo más rápido, 45 r.p.m.

El sistema motor es lo más importante del plato. A menos que funcione silenciosamente y sin ninguna variación de velocidad, el sonido se verá afectado. Un motor ruidoso, por ejemplo, producirá un molesto murmullo («rumble»).

En ciertos modelos de plato, un motor eléctrico de alta velocidad impulsa la plataforma mediante una cinta de goma y las correspondientes poleas. Más recientemente se han introducido los platos de transmisión directa, en los cuales el eje del motor conecta directamente con el plato.

Hay muchos tipos de sistemas de plato. En el de transmisión por cinta, una cinta de goma conecta el motor al plato. En el de transmisión directa, el motor está debajo del plato y conectado a él por un eje central.

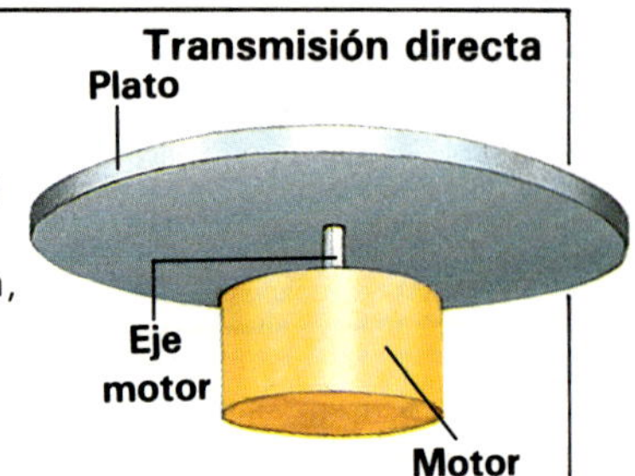

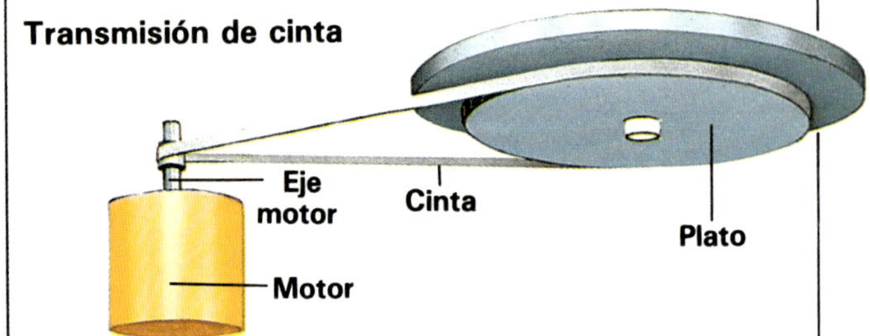

El brazo fonocaptor

La función del brazo fonocaptor es mantener en posición la aguja mientras se desplaza sobre el disco. Al mismo tiempo tiene que aplicar una correcta fuerza tangencial. Esta fuerza depende del tipo y calidad del brazo mismo. Puede ajustarse con un contrapeso situado en un extremo del brazo. El brazo también tiene que estar diseñado para minimizar el «sesgo» o tendencia natural a moverse hacia el centro del disco.

Los brazos fonocaptores suelen ir apoyados en un punto y tienen forma de «S» o de «J». Este tipo tiene un cierto grado de «error de trayectoria», porque no describe sobre el disco una trayectoria recta, como lo hizo la cabeza al grabar el disco. Ahora se pueden conseguir tocadiscos con brazos de recorrido lineal que describen una línea recta sobre el disco.

La aguja

Los primeros gramófonos y tocadiscos estaban equipados con cápsulas de cristal o cerámicas. Han sido sustituidos por tipos de imán móvil, imán-inducido/hierro móvil y bobina móvil. Todos estos generadores de señal dependen del movimiento relativo entre un imán y una longitud de alambre, o bobina. El tipo de imán móvil

▶ La cabeza fonocaptora transforma las vibraciones de la púa en corriente eléctrica. La corriente se crea cuando un imán y una bobina de alambre se mueven uno respecto a la otra. En las agujas de imán móvil, el imán se mueve y las bobinas están fijas. En los modelos de bobina móvil, son ellas las que se mueven y el imán es fijo.

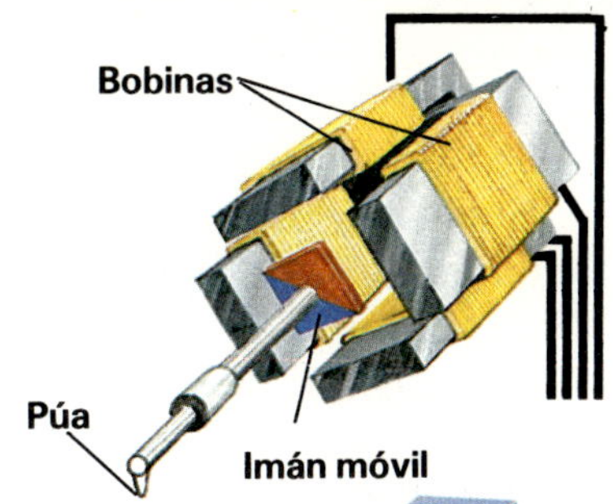

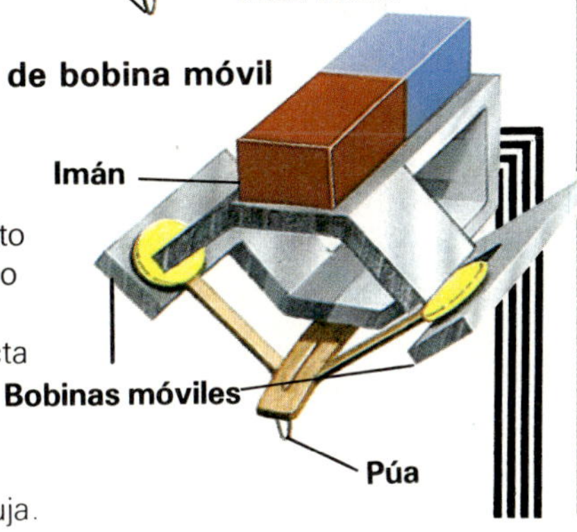

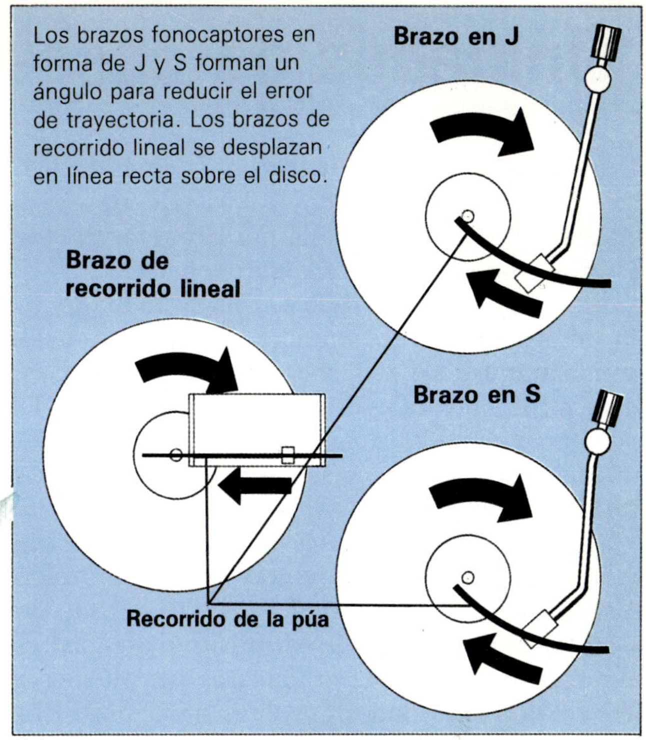

Los brazos fonocaptores en forma de J y S forman un ángulo para reducir el error de trayectoria. Los brazos de recorrido lineal se desplazan en línea recta sobre el disco.

▼ Tocadiscos típico de alto nivel. El plato tiene un trozo cortado para mostrar el motor de transmisión directa situado debajo. El ligero brazo fonocaptor tiene un contrapeso para ajustar la fuerza tangencial de la aguja.

tiene un par de bobinas fijas. Un pequeño imán montado en el extremo de la púa se mueve respondiendo a las vibraciones de la misma y crea en las bobinas una corriente fluctuante. En el tipo de bobina móvil, el imán está fijo y las bobinas están colocadas en el extremo de la púa. Además de estas agujas hay un diseño electrostático (condensador) más reciente y más costoso.

La púa

La aguja propiamente dicha, o púa, está unida a la cabeza fonocaptora o cápsula. Tiene la punta de zafiro o diamante y forma hemisférica, aunque actualmente la forma elíptica (birradial) se está haciendo popular. La anchura de la punta le impide tocar el fondo del surco, pero la mantiene en contacto con las paredes.

Unidades de cassettes

Uno de los mayores adelantos en sistemas de hi-fi ha sido la aparición de la cassette de cinta magnética. Fue presentada por primera vez por Philips como Compact Cassette en 1963.

La unidad de cassettes usa una cinta magnética montada en un estuche de plástico para almacenar las señales sonoras. Para grabar, se hace pasar la cinta por una cabeza amplificadora de grabación. Las señales grabadas en la cinta pueden ser «leídas» más tarde por una o más cabezas de reproducción.

La unidad de cassettes necesita un sistema motor para enrollar la cinta, y tiene también dispositivos para mejorar la calidad del sonido y evitar la distorsión. Un dispositivo esencial es el medidor de nivel de grabación, que puede ser o una VU (unidad de volumen) o un PPM (medidor de nivel máximo).

Cada unidad contiene un oscilador de polarización (bias) que produce una señal de alta frecuencia inaudible en la cinta. Esta señal se combina con la de sonido antes de alcanzar la cabeza de grabación. Su finalidad es ayudar a reducir la distorsión en el sistema de grabación. También puede usarse para borrar las señales antes de la grabación.

La cinta

El precedente de la unidad de cassettes fue el grabador de carrete abierto o de carrete a carrete que tuvo su origen en el magnetófono, desarrollado en Alemania a finales de la década de los 30. Las primeras cintas usadas estaban hechas de papel con un revestimiento de finas partículas magnéticas. Más tarde se usaron soportes a base de película de plástico.

Las primeras cintas de cassette tenían un revestimiento de óxido férrico. En 1970 se introdujo el revestimiento de dióxido de cromo, de partículas más finas, seguido por el ferrocromo. Éste consiste en un revestimiento de cromo sobre partículas férricas. Ahora existen cintas de aleación metálica, pero sólo funcionan bien en máquinas con cabezas y electrónica adecuadas.

Como todo es más pequeño y más lento en una cassette, la cinta hace un ruido silbante. Pero muchas unidades van equipadas con un sistema Dolby de reducción de ruido, que fue desarrollado inicialmente para equipos profesionales. Funciona comprimiendo los cambios de intensidad en las señales antes de la grabación y volviendo a expandirlos en la reproducción. El sistema fue modificado en las formas Dolby B y Dolby C para unidades de cassettes, y mejora grandemente la calidad de sonido. Otros sistemas que reducen el ruido de la cinta son el dBx, el ANRS, el ADRES y el High-Com.

Una C seguida de un número indica el tiempo de funcionamiento de una cassette en minutos. Para la mayoría de los usos vale el C −90, con 45 minutos por cada lado. Además la cinta no es demasiado fina ni frágil. Otros tamaños de cinta son C−45, C−60 y C−120.

Cada vez se usan más las micro-cassettes que sólo miden 50 por 30 milímetros. Se diseñaron para toma de apuntes y grabación de entrevistas, pero su calidad puede ser suficientemente buena para grabar música.

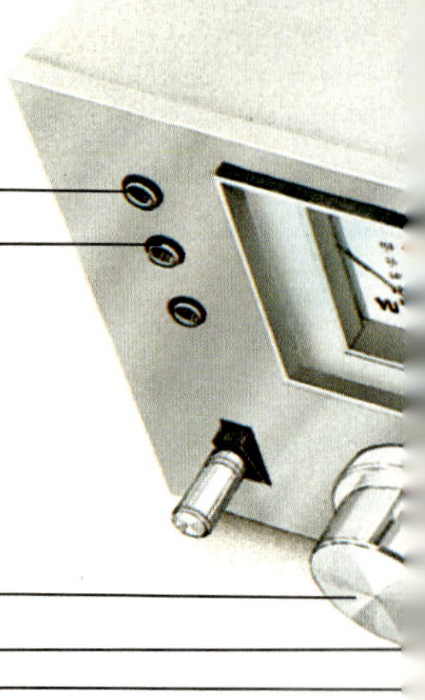

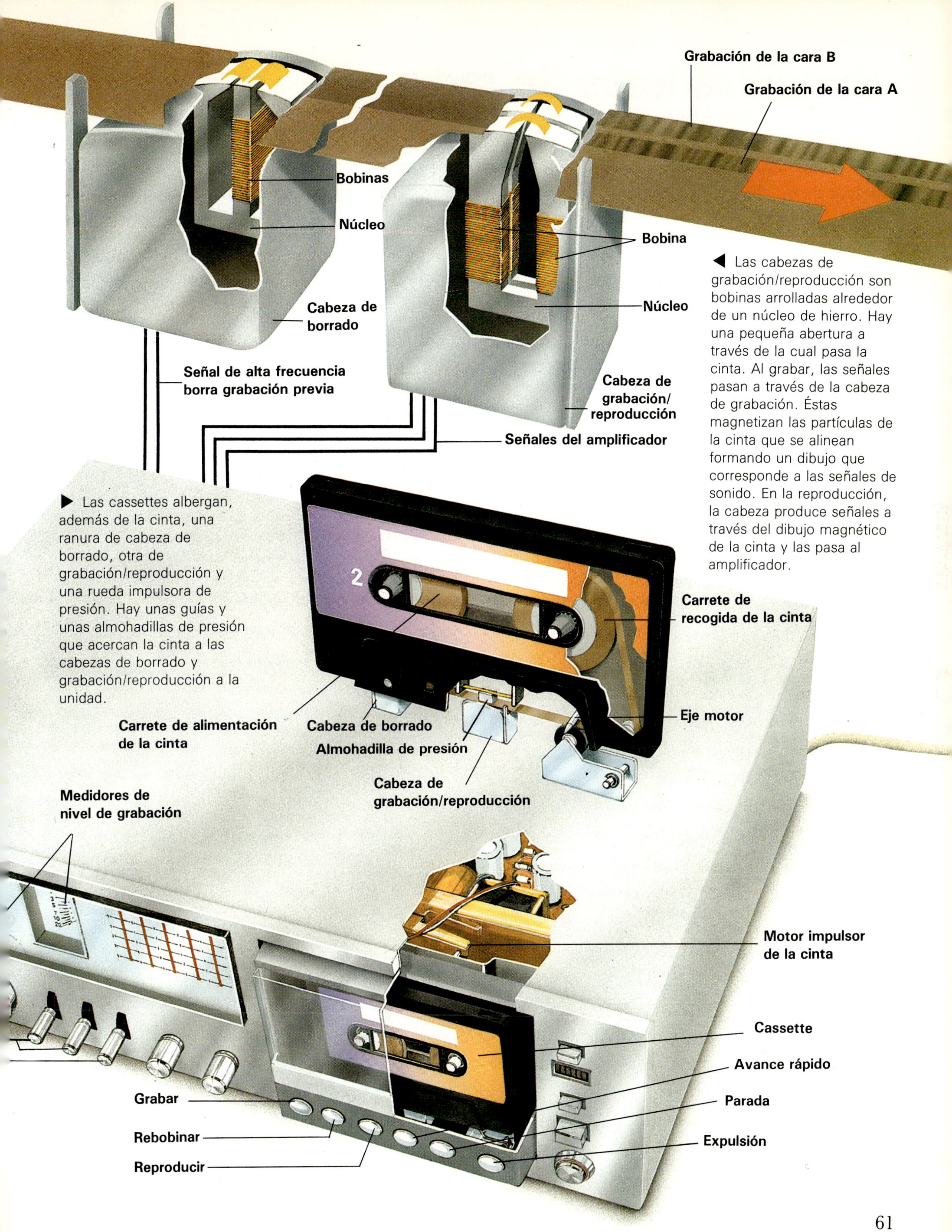

◀ Las cabezas de grabación/reproducción son bobinas arrolladas alrededor de un núcleo de hierro. Hay una pequeña abertura a través de la cual pasa la cinta. Al grabar, las señales pasan a través de la cabeza de grabación. Éstas magnetizan las partículas de la cinta que se alinean formando un dibujo que corresponde a las señales de sonido. En la reproducción, la cabeza produce señales a través del dibujo magnético de la cinta y las pasa al amplificador.

▶ Las cassettes albergan, además de la cinta, una ranura de cabeza de borrado, otra de grabación/reproducción y una rueda impulsora de presión. Hay unas guías y unas almohadillas de presión que acercan la cinta a las cabezas de borrado y grabación/reproducción a la unidad.

Sintonizadores de radio

El papel de un sintonizador de radio es recibir señales radiofónicas procedentes de una emisora. Los hay de muchas formas, tamaños y precios. Sus prestaciones también son variables. El sintonizador puede ser una unidad separada, o ir combinado con un amplificador formando un «receptor».

Transmisión y recepción

Una señal de radio debe llevar dos tipos de información sobre los sonidos que han de reproducirse para el oyente: frecuencia y amplitud.

La forma original de la onda sonora no puede transmitirse como onda de radio porque la frecuencia es demasiado larga. Así, pues, se emite una onda portadora de muy alta frecuencia con la señal sonora superpuesta.

Los dos métodos de impresionar la señal sonora en la onda portadora son AM (modulación de amplitud) y FM (modulación de frecuencia). En AM, la frecuencia portadora es constante y la *amplitud* portadora varía. En la FM, la amplitud portadora es constante pero la *frecuencia* portadora varía.

La antena del sintonizador capta la onda portadora procedente de la emisora. Esto provoca en la antena débiles corrientes eléctricas que varían con la onda portadora. El sintonizador separa la onda portadora de la señal sonora y envía esta última al amplificador.

Antenas

Para la recepción de FM y VHF (muy alta frecuencia) es preferible usar una antena de elementos múltiples, especialmente para señal estéreo. Si la señal es suficientemente fuerte, puede usarse una antena interior o incluso la incorporada al sintonizador, que capta señales AM.

Características del sintonizador

Muchos sintonizadores tienen ahora un sintetizador de cuarzo para sintonizar con exactitud las emisoras de radio. Además mantiene fija la

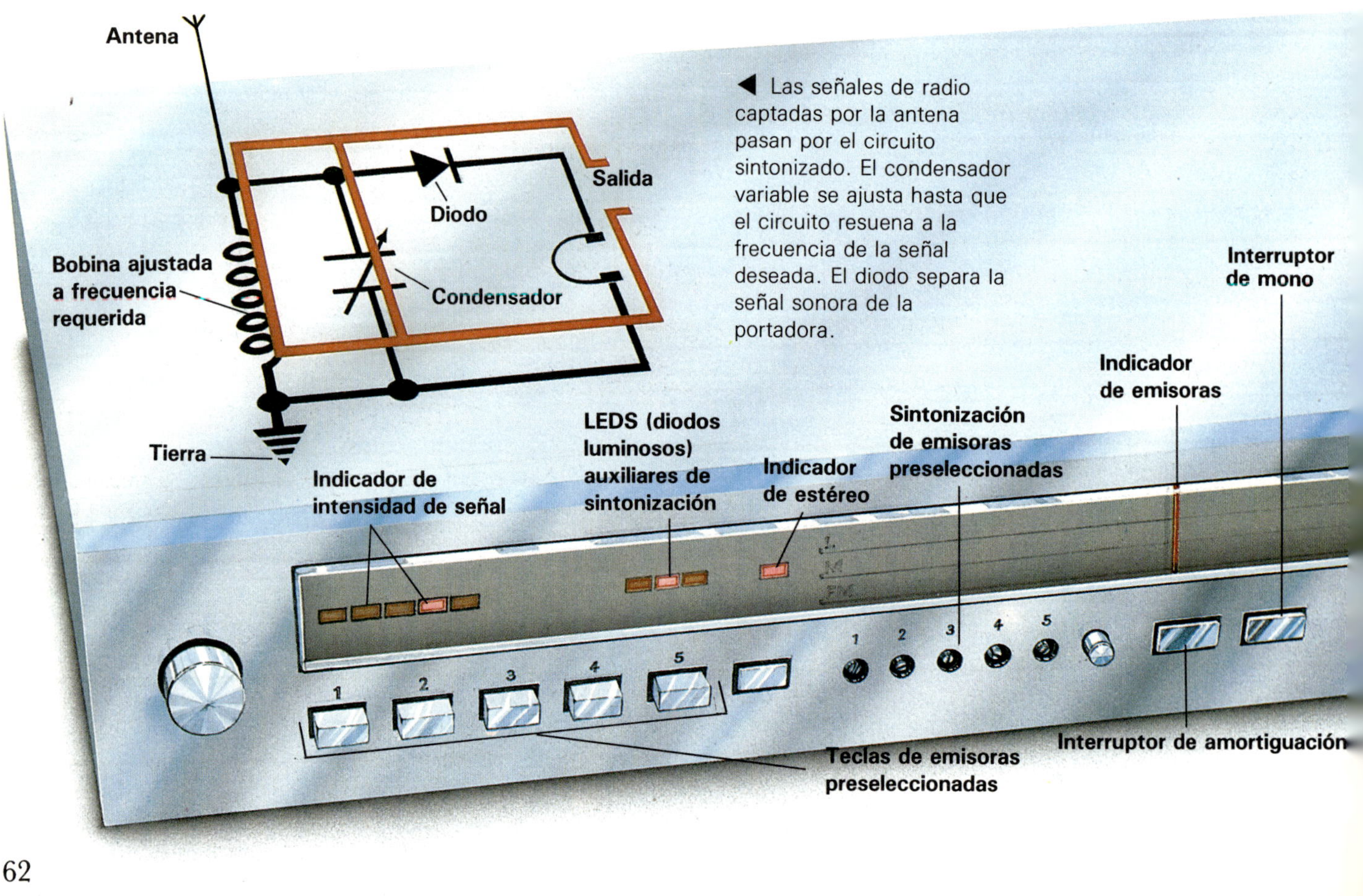

◀ Las señales de radio captadas por la antena pasan por el circuito sintonizado. El condensador variable se ajusta hasta que el circuito resuena a la frecuencia de la señal deseada. El diodo separa la señal sonora de la portadora.

emisora impidiendo que se desvíe la señal. Los sintonizadores electrónicos avanzados también permiten preseleccionar emisoras. Se programan en el circuito de memoria del sintonizador las frecuencias de las emisoras más escuchadas y se localizan apretando la tecla correspondiente.

La sintonización manual de una emisora de AM suele ser muy sencilla. Simplemente se gira el botón hasta la posición de la emisora deseada y se ajusta hasta llegar al equilibrio de tonos. Con una emisora de FM la cosa es algo más complicada y requiere algo más de manipulación para conseguir la mejor señal libre de ruidos.

Para ayudar al oyente suelen incluirse indicadores de sintonización. Uno da la indicación relativa de la intensidad de la señal de FM y AM sintonizada. Otra muestra la máxima intensidad de la señal cuando la emisora está exactamente sintonizada, es decir, cuando la señal está a su nivel máximo. En algunos de los más recientes sintonizadores, unas filas de LED (diodos luminosos), o el punto de referencia del dial se encienden cuando se alcanza exactamente la frecuencia de la emisora. Estos dispositivos sustituyen a los medidores.

Las antenas deben estar orientadas correctamente para captar las ondas de radio. El tipo y dimensiones dependen de la ubicación de la antena y de las longitudes de onda recibidas.

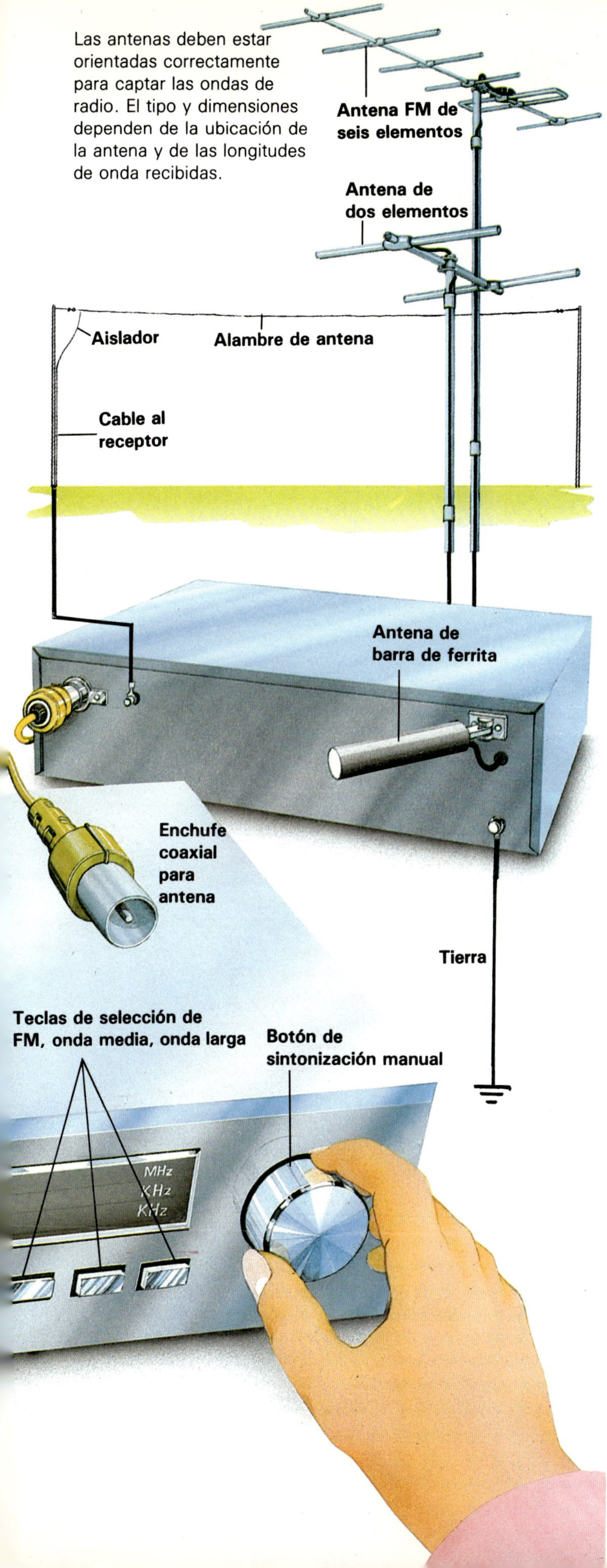

◀ La mayoría de los elementos de un receptor de radio están relacionados con la sintonía. Puede ser manual girando un botón, o automática. Puede haber botones de preselección para cambiar rápidamente de emisora. Ayudan a una sintonía exacta los indicadores de señal o LEDS.

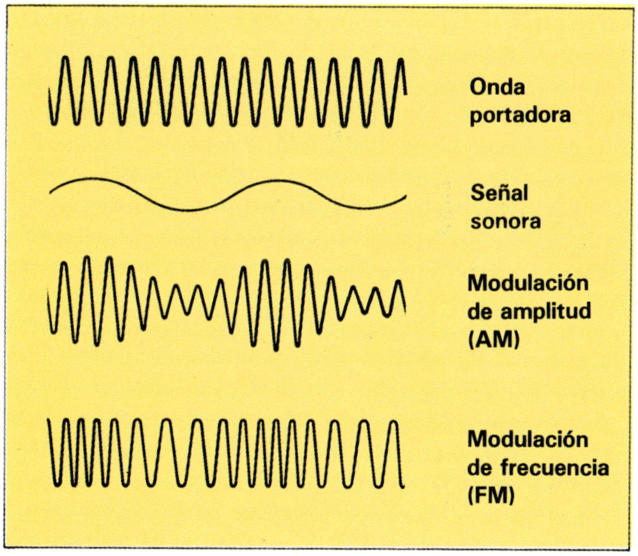

▲ En AM, la amplitud de la onda portadora varía en relación con la señal sonora. En FM, la amplitud permanece constante, pero la frecuencia varía con la señal sonora. La radiodifusión en FM da mejor calidad de sonido.

Amplificador y control

El amplificador es el corazón del sistema de sonido. Su misión básica es aumentar las señales de un disco, cinta o sintonizador de manera que sean suficientemente fuertes para activar los altavoces. La primera señal puede ser de sólo una milésima de vatio, y ha de amplificarse hasta 10, 20 o más vatios. El amplificador se usa para seleccionar la entrada en el sistema de sonido (tocadiscos, unidad de cassettes o sintonizador de radio) y también proporcionar controles de volumen, tono y equilibrio.

En algunos sistemas de hi-fi, la amplificación principal se hace por un amplificador de potencia conectado a un preamplificador o unidad de control. Pero en muchos sistemas normales se usa una unidad integrada que combina ambas funciones. Otra combinación es el «receptor» que reúne sintonizador, preamplificador y amplificador de potencia.

Controles de tono y filtros

Los equipos de sonido llevan controles de bajos y agudos de manera que el equilibrio de las fecuencias reproducidas en una habitación pueda ajustarse. Esto significa que pueden reducirse las notas excesivamente altas o bajas.

En sistemas más avanzados, el amplificador puede llevar «filtros» que pueden usarse para eliminar murmullos bajos procedentes del plato, por ejemplo. Los filtros de alta frecuencia ayudan a reducir silbidos indeseables o interferencia de emisoras en las señales de radio, al igual que ruidos de superficie o distorsión cuando se escuchan discos o cintas magnéticas.

Conexión al amplificador

Hay diversos enchufes y tomas para conectar las diferentes unidades de un sistema moderno de audio. Los más comunmente usados se ven en la página adjunta.

Las conexiones de altavoces pueden consistir en terminales de tornillo o en tenazas con muelle para atenazar el alambre desnudo del cable del altavoz. Como alternativa puede haber enchufes DIN o de dos pivotes, como en los equipos europeos y japoneses. Otro método popular es un enchufe de dos agujeros que admite clavijas fono de 4 milímetros.

Suelen usarse clavijas para salida de auricular y entrada de micrófono. Los enchufes coaxiales se usan para conectar radiorreceptores a sus antenas. Los acoplamientos entre unidades se hacen generalmente a través de enchufes y clavijas de tipo DIN. Hay que asegurarse de que las conexiones de cables a un enchufe DIN de cinco pivotes son correctas, para evitar invertir los canales sonoros izquierdo y derecho de un sistema estéreo.

DIN quiere decir *Deutsche Industrie Normen*, unas normas establecidas en Alemania, y luego adoptadas en muchos países europeos. En algunos equipos, los fabricantes prevén enchufes DIN y fono cableados en paralelo para poder adaptarse a todas las unidades.

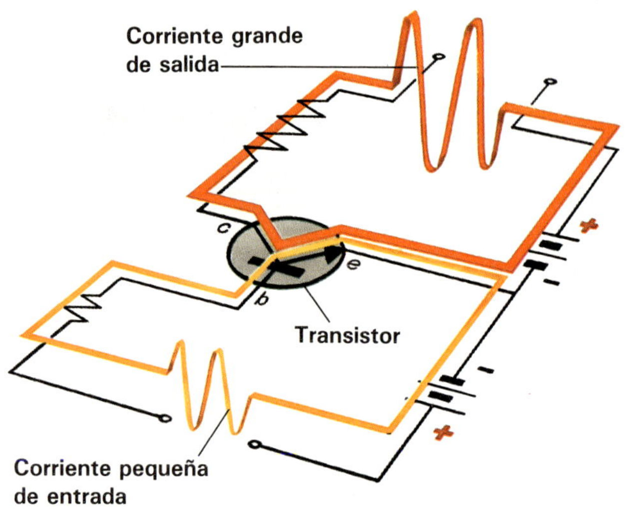

▲ Los amplificadores usan transistores para aumentar señales. Las tres partes de un transistor, que tienen características eléctricas diferentes, son: la base (b), el emisor (e) y el colector (c). Una pequeña corriente que circula entre la base y el emisor produce grandes variaciones de la corriente entre el emisor y el colector.

▶ Pocos controles del amplificador son realmente esenciales. Algunos modelos simplemente tienen un interruptor y un control de volumen. El control de equilibrio se usa para ajustar el nivel de sonido de cada altavoz. Los controles de tono corrigen el equilibrio de frecuencias entre la grabación y la acústica de la habitación.

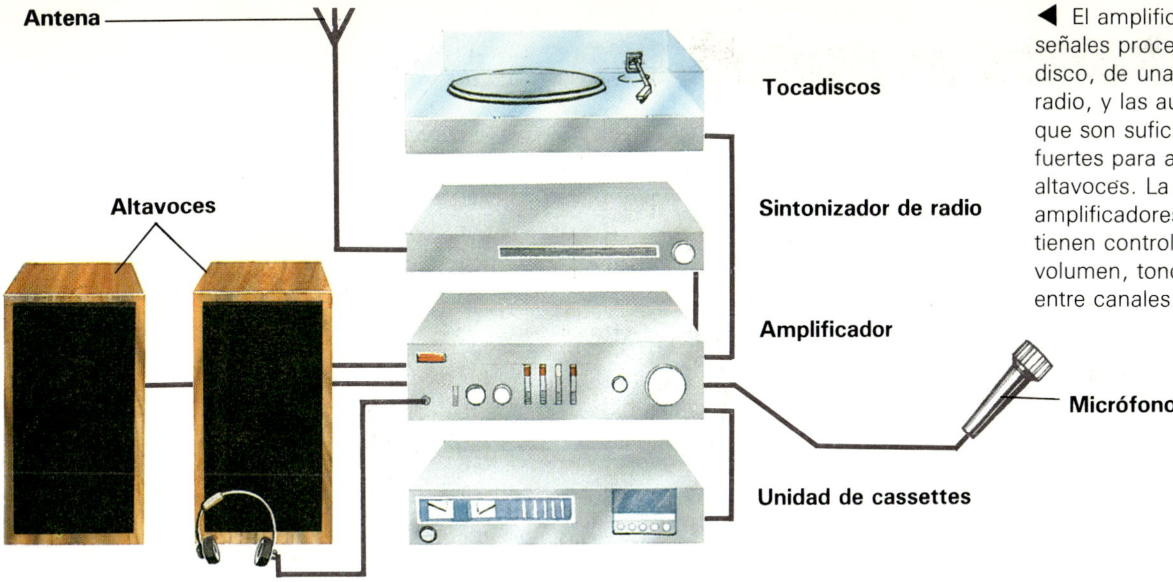

◀ El amplificador recoge señales procedentes de un disco, de una cinta o de la radio, y las aumenta hasta que son suficientemente fuertes para accionar los altavoces. La mayoría de los amplificadores también tienen controles de volumen, tono y equilibrio entre canales.

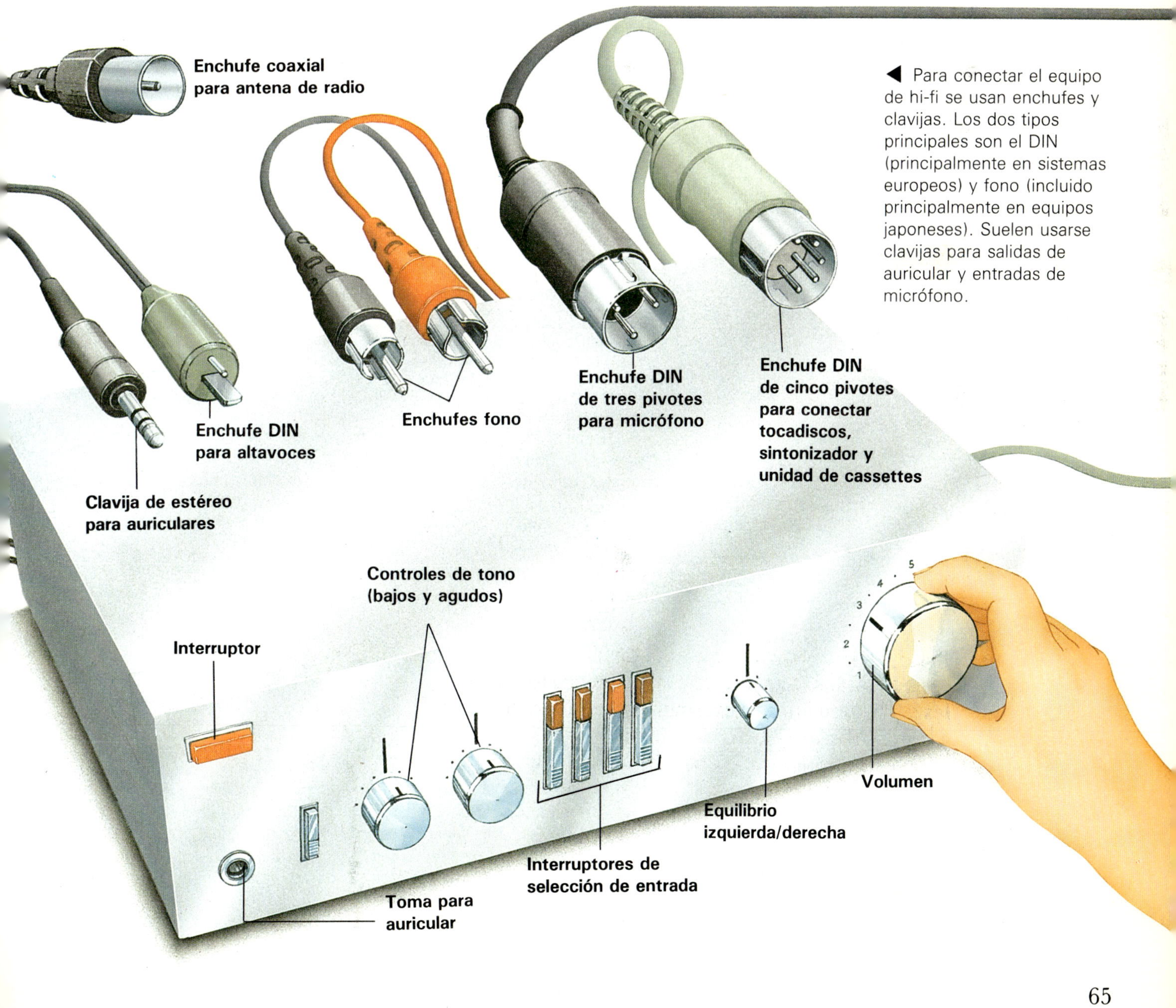

◀ Para conectar el equipo de hi-fi se usan enchufes y clavijas. Los dos tipos principales son el DIN (principalmente en sistemas europeos) y fono (incluido principalmente en equipos japoneses). Suelen usarse clavijas para salidas de auricular y entradas de micrófono.

Altavoces y auriculares

Los altavoces y los auriculares son lo que se llama transductores: convierten energía de una forma en otra. En este caso convierten en sonido las señales eléctricas de un amplificador. Los altavoces deben ser capaces de proporcionar una gama completa de sonido, desde las notas más bajas a las más altas audibles. Pueden hacerlo de varias maneras.

Bobina móvil a altavoz dinámico

Los altavoces de bobina móvil tienen una bobina de alambre unida a un cono. Las señales del amplificador hacen moverse, o vibrar, a la bobina. Estos movimientos pasan al cono, que produce una perturbación del aire en forma de ondas sonoras.

El altavoz de bobina móvil contiene unidades especiales de transmisión que se ocupan de las difererentes zonas de la gama sonora, a saber: el «woofer» para las bajas frecuencias, el «squawker» para las medias, y el «tweeter» para las altas.

Para producir sonidos fuertes a bajas frecuencias (por ejemplo, una nota baja de menos de 200 Hz), hay que mover una gran masa de aire. Dado que el aire a bajas frecuencias se comporta como un fluido, se necesita una gran superficie radiante para crear las vibraciones del aire y por lo tanto el sonido. Así pues, el «woofer» tiende a ser la mayor unidad de transmisión del altavoz. Las altas frecuencias no irradian del mismo modo, y por ello la transferencia de energía desde la

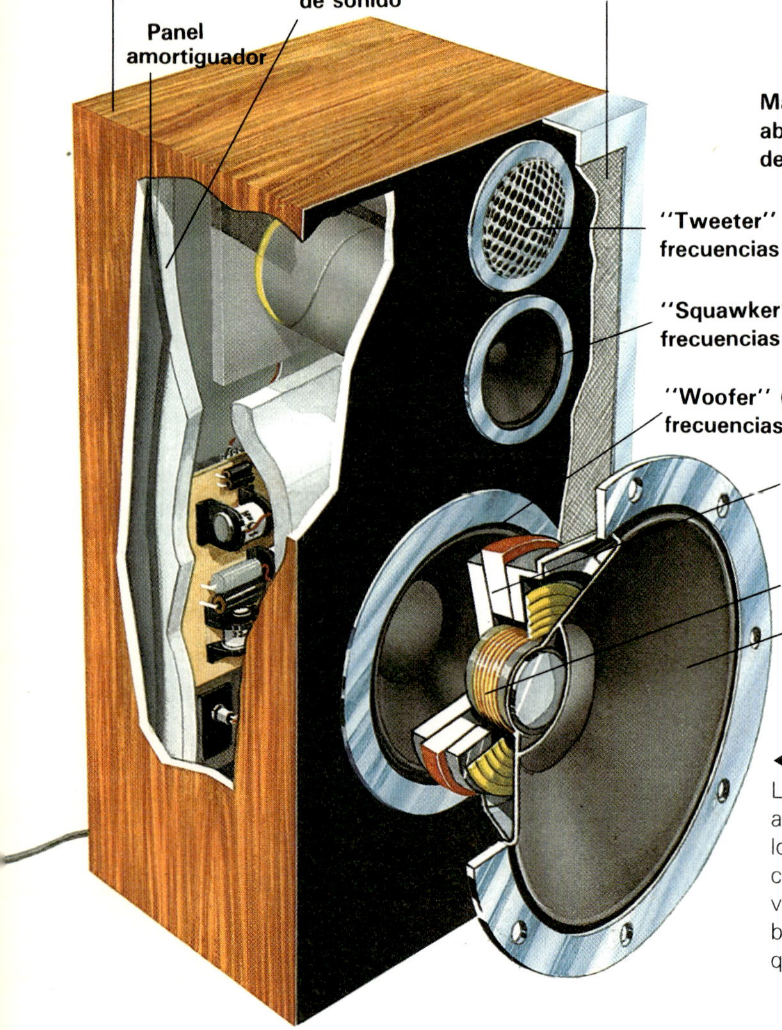

◀ Altavoz de bobina móvil. Las señales eléctricas llegan a la bobina existente entre los polos de un imán circular. Las señales hacen vibrar la bobina. A su vez la bobina hace vibrar el cono que emite ondas sonoras.

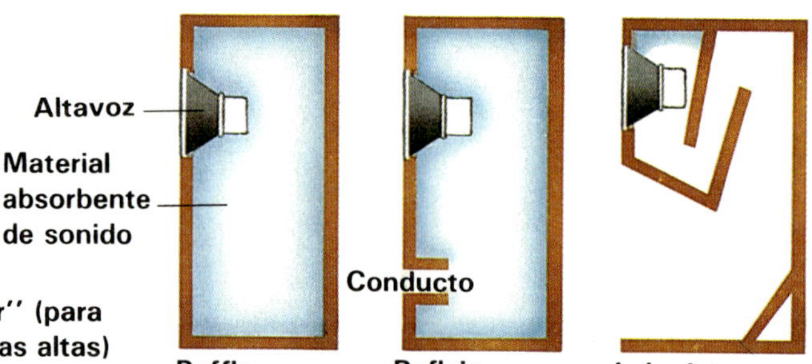

▲ Tres tipos de recinto de altavoz. En el baffle infinito no hay comunicación entre el aire situado delante del cono y el situado detrás. En el de reflejo de bajos, el sonido de atrás refuerza al de delante. En el último tipo, como su nombre indica, las divisiones forman un laberinto.

▶ La mayoría de los auriculares funcionan de manera similar a los altavoces dinámicos (de bobina móvil). Los auriculares electrostáticos producen sonido a partir de un diafragma que se mueve entre placas perforadas.

cara del altavoz al aire es más eficiente. Por eso el «squawker» y el «tweeter» son más pequeños.

Hay altavoces de todas las formas y tamaños, frecuentemente con dos, tres o más unidades de transmisión. En los últimos años ha habido demanda de altavoces más pequeños, pero que aún así ofrecen buena respuesta a los bajos y equilibrio sonoro general.

Otros tipos de altavoz

Aparte de los altavoces de bobina móvil, hay otros que usan métodos diferentes para reproducir el sonido, por ejemplo el altavoz piezoeléctrico. Cuando se le aplica una señal voltaica, se mueve mecánicamente produciendo ondas sonoras. El altavoz de cinta tiene una cinta de metal corrugado. Las señales enviadas a través de la cinta la hacen moverse, vibrar, creando ondas sonoras.

El altavoz electrostático más conocido es el sistema Quad. El primer modelo apareció en el mercado en 1956. El más reciente altavoz Quad ofrece óptimas prestaciones, pero un par cuesta alrededor de 40 veces más que el altavoz medio de un equipo compacto económico. En los altavoces electrostáticos las ondas sonoras se crean por un fino diafragma de plástico que vibra entre dos placas. Las placas están perforadas para dejar pasar el sonido.

Auriculares

Los auriculares de estéreo se están haciendo muy populares. Son principalmente del tipo de bobina móvil o del electrostático. La audición con auricular es una sensación totalmente diferente a la audición de altavoces, ya que el sonido penetra directamente en los oídos proporcionando una fuerte «presencia» o sensación de música en vivo. Los auriculares tienen la ventaja de que puede oírse música tan alta como se quiera sin molestar a nadie.

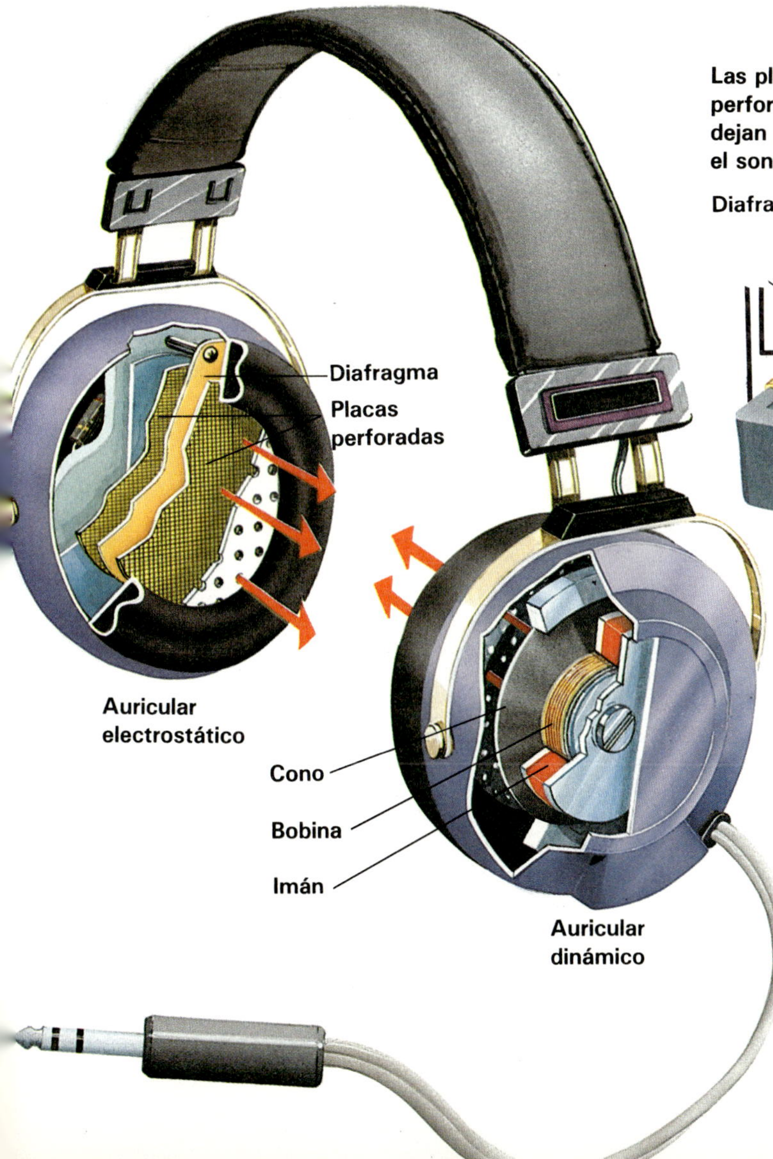

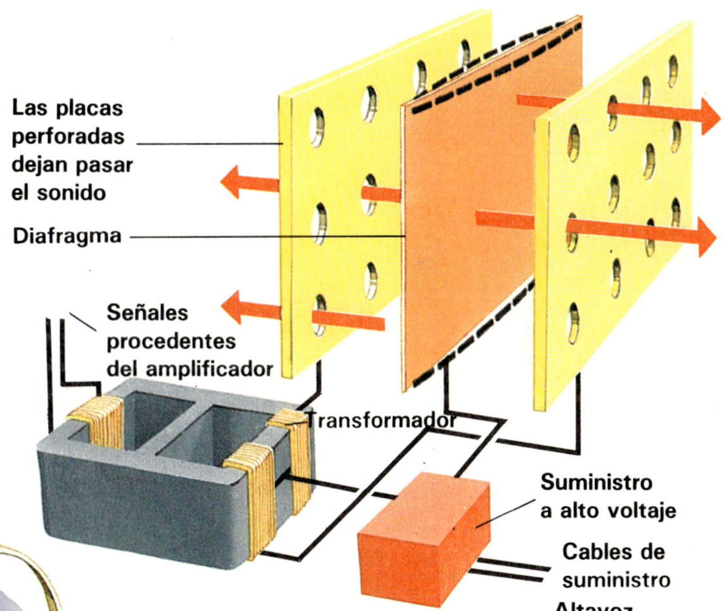

▲ Los altavoces electrostáticos tienen dos placas perforadas. En medio de ellas hay un fino diafragma de plástico que tiene espacio para moverse. Las señales procedentes del amplificador son aumentadas por un transformador y aplicadas con alto voltaje al diafragma, lo cual hace vibrar a éste produciendo ondas sonoras.

Grabación en casa

Las grabadoras de cinta, sean del tipo de carrete abierto o del tipo cassette, registran y reproducen el sonido de la misma manera. Los sonidos son convertidos en señales eléctricas por el micrófono. Estas señales pasan a la cabeza grabadora de la máquina, que las transforma en un dibujo magnético sobre la cinta. Cuando se quiere escuchar la grabación, la cabeza reproductora «lee» el dibujo magnético de la cinta y vuelve a convertirlo en impulsos eléctricos que se envían al amplificador.

Grabadoras de carrete abierto

La introducción de la grabadora de carrete abierto en los años 40 revolucionó la grabación doméstica. Por primera vez era fácil almacenar sonido en cinta magnética y luego reproducirlo. También aumentó las posibilidades de «jugar» con el sonido.

Las grabadoras de cinta en carrete abierto han mantenido su popularidad porque es fácil montar las cintas. Los estudios de radiofusión y grabación usan las versiones más avanzadas. Pero las grabadoras de carrete abierto para uso doméstico son voluminosas y desgraciadamente bastante caras.

Cassettes

Las cassettes han extendido la revolución de la cinta magnética. Existe actualmente una cassette estándar que puede utilizarse en cualquier aparato. En los primeros tiempos la calidad de sonido de la cinta era pobre comparada con la de los discos LP. Pero las mejoras de los revestimientos de la cinta, y la introducción del sistema Dolby y otros para reducción de ruidos, han traído consigo una calidad mucho más alta. Pero para alcanzar buenos resultados se necesita una grabadora de cassettes de primera calidad.

Micrófonos

Hay varios tipos de micrófono: dinámicos (de bobina móvil), de cinta, y los más económicos de cerámica o cristal. Otros diseños son el costoso electrostático y el electret.

Los micrófonos transforman las vibraciones del aire (ondas sonoras) en impulsos eléctricos. Un micrófono de bobina móvil tiene una fina placa o diafragma conectada a una bobina de alambre suspendida entre los polos de un imán. El diafragma vibra al alcanzarlo las ondas sonoras. A su vez el diafragma hace vibrar la bobina. Al moverse la bobina produce señales eléctricas

Las grabadoras de cinta de carrete abierto dan grabaciones de alta calidad que pueden montarse fácilmente cortando y pegando. La cinta para cassettes ha mejorado grandemente en calidad existiendo actualmente en el mercado una amplia gama de cassettes pregrabadas.

Grabadora de cassettes mono

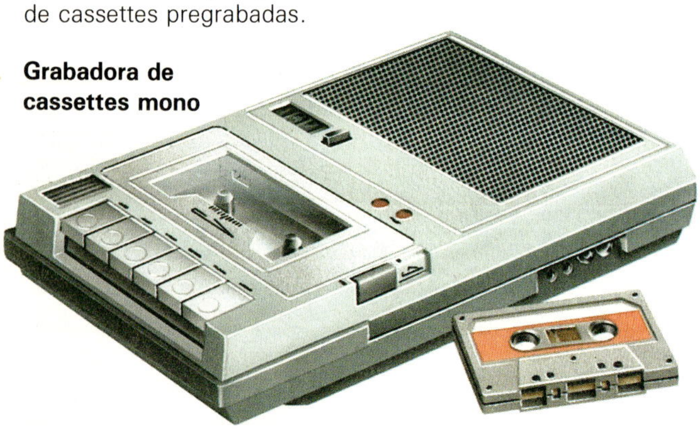

Grabadora de cinta en carrete abierto

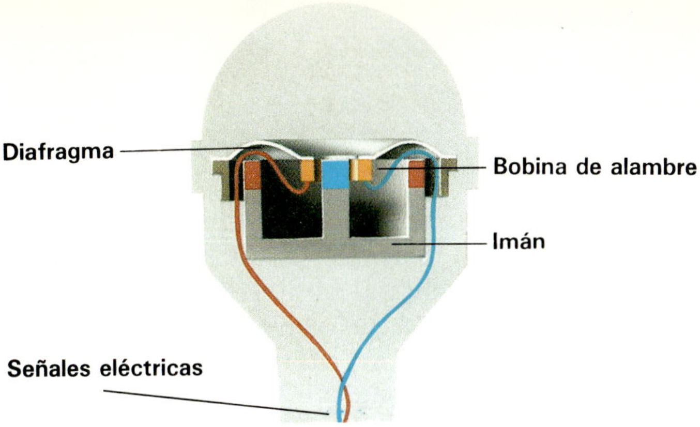

▲ El micrófono de bobina móvil (dinámico) funciona como un altavoz al revés. Contiene una bobina de alambre conectada a un diafragma. La bobina se desplaza respecto a un imán cuando las ondas sonoras alcanzan el diafragma. Al moverse la bobina, se producen impulsos eléctricos.

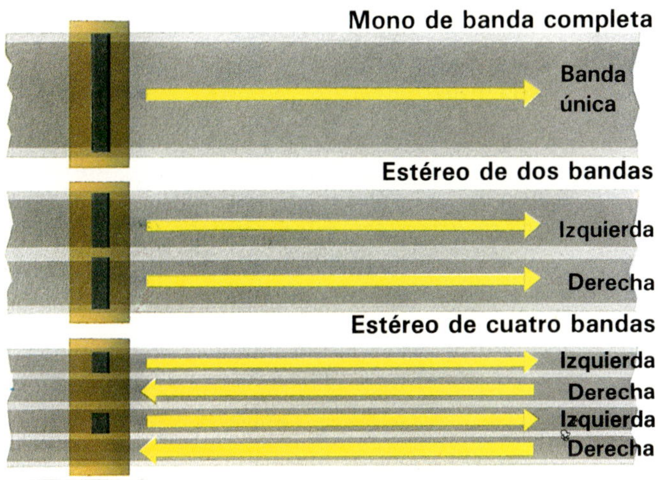

◀ Las grabadoras domésticas de carrete abierto usan cinta de 6,25 mm (¼ pulgada) y funcionan a velocidades de hasta 38,1 cm (15 pulgadas) por segundo. El mejor tipo de cinta para grabar en casa es la estéreo de dos bandas.

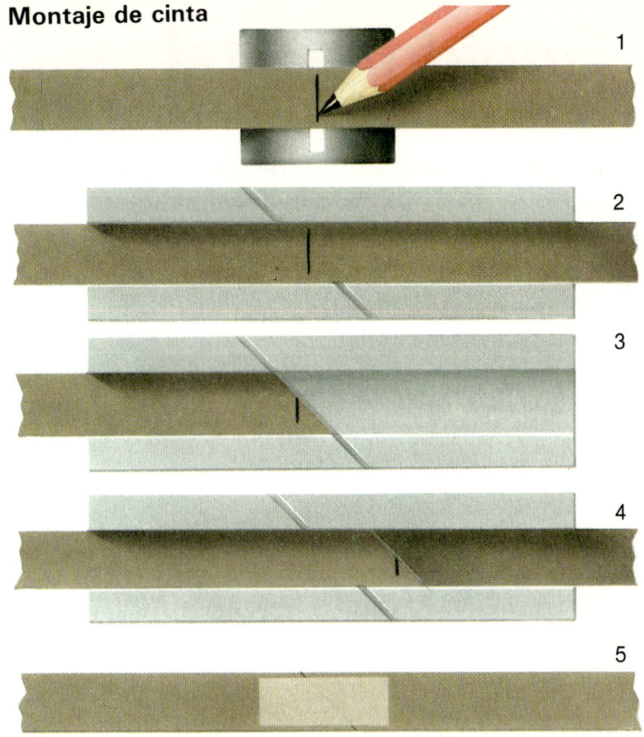

▲ Se marca la cinta en el punto de corte (1). Se coloca la cinta en el surco del bloque de cortar (2) y se corta por la ranura (3). Se juntan los extremos de la cinta (4) y se coloca un trozo de cinta adhesiva sobre la junta (5).

que varían en intensidad con las vibraciones. La señales son almacenadas en cinta como dibujo magnético.

Uso de la cinta

Existe en la actualidad una vasta gama de cassettes pregrabadas. Pero el mundo está lleno de personas, acontecimientos y sonidos interesantes, que uno mismo puede grabar usando un micrófono y una grabadora de cassettes.

Hay varios trucos que pueden usarse al hacer las grabaciones. Por ejemplo, el sonido puede transferirse de una banda a otra en sincronización, proceso denominado «sonido sobre sonido». Esto quiere decir que, a partir de un instrumento musical simple, puede construirse un programa sonoro completo. En algunas grabadoras de carrete abierto la cinta puede acelerarse o frenarse produciendo interesantes efectos sonoros.

Montaje de la cinta

La cinta puede montarse eliminando partes no deseadas u ordenando las distintas secciones. La mejor manera de montar cinta es el empalme. Es posible regrabar de una grabadora a otra para conseguir el orden correcto, pero el método más profesional se basa en el uso hábil de una hoja de afeitar. Desgraciadamente este método de montaje no suele ser posible con grabadoras de cassettes.

Para este trabajo pueden comprarse bloques de empalme y cinta especial para la unión. Se marca con lápiz la sección de cinta no deseada. Luego se cortan los extremos con una hoja de afeitar de un solo filo y se quita el trozo. Los cortes pueden hacerse perpendicularmente a la cinta o con un ángulo de 45°. Finalmente se juntan los extremos y se coloca una porción de cinta de empalmar en la junta.

Sonido digital

La mayoría de los sistemas de sonido descritos en este libro se conocen como «analógicos». Las señales eléctricas son continuas y se almacenan como variaciones magnéticas en cinta, o como ondulaciones en el surco de un disco. Estas señales son una réplica, o sea son *análogas* a las ondas sonoras que las crearon. Para su reproducción, las señales se envían al amplificador y a los altavoces, reconvirtiéndose en sonido. En esta cadena el sonido puede distorsionarse y perder algo de su calidad.

Audición digital

En la grabación digital, la frecuencia y la amplitud de las ondas sonoras son medidas y convertidas en impulsos eléctricos. Los impulsos se codifican como una serie de números, o dígitos, en forma binaria. El código binario reconoce sólo dos dígitos, el 0 y el 1, que corresponden a «no impulso» e «impulso».

Al reproducir una grabación digital, las señales son descifradas traduciéndolas a las señales analógicas habituales que impulsan los altavoces. Este sistema da un resultado mucho más exacto que los sistemas analógicos, porque el aparato reproductor lee directamente la grabación original.

Un sistema digital tiene que almacenar gran cantidad de información sobre los sonidos que se graba. Lo hace en forma de dígitos o «bits». Como hay demasiados bits para poder almacenarlos en una cinta ordinaria, se usa una cinta de video o un disco.

El disco compacto

El disco compacto tiene 12 centímetros de diámetro y puede durar una hora. La información digital se almacena en minúsculos hoyos en lugar de un surco, y el disco es explorable desde abajo por un rayo láser. No hay contacto entre el disco y el rayo, luego no hay desgaste.

El lado del disco donde está la grabación está protegido por una capa de plástico transparente. En la mayoría de los aparatos pueden tocarse las bandas en cualquier secuencia, y hay avance y retroceso para poder encontrar rápidamente una cierta banda.

En la actualidad, las señales digitales del disco han de convertirse a analógicas para accionar los altavoces. Para finales de los años 80 puede estar listo un sistema digital completo. Pero el método actual, incluso con sus conversiones de cifrado y descifrado, hace los sonidos menos sensibles a la distorsión, el ruido y los cambios de velocidad.

Otros sistemas digitales

El disco AHD (audio high-density) tiene 26 centímetros de diámetro, y las señales se almacenan en una banda espiral realizada en material de PVC. Las bandas son exploradas por una aguja especial que lleva un pequeño electrodo. Este disco tiene dos lados de una hora de duración cada uno.

Un tercer tipo de disco digital es el MD o mini-disco. Tiene 13'5 centímetros de diámetro y usa surcos en forma de protuberancias y depresiones para almacenar las señales.

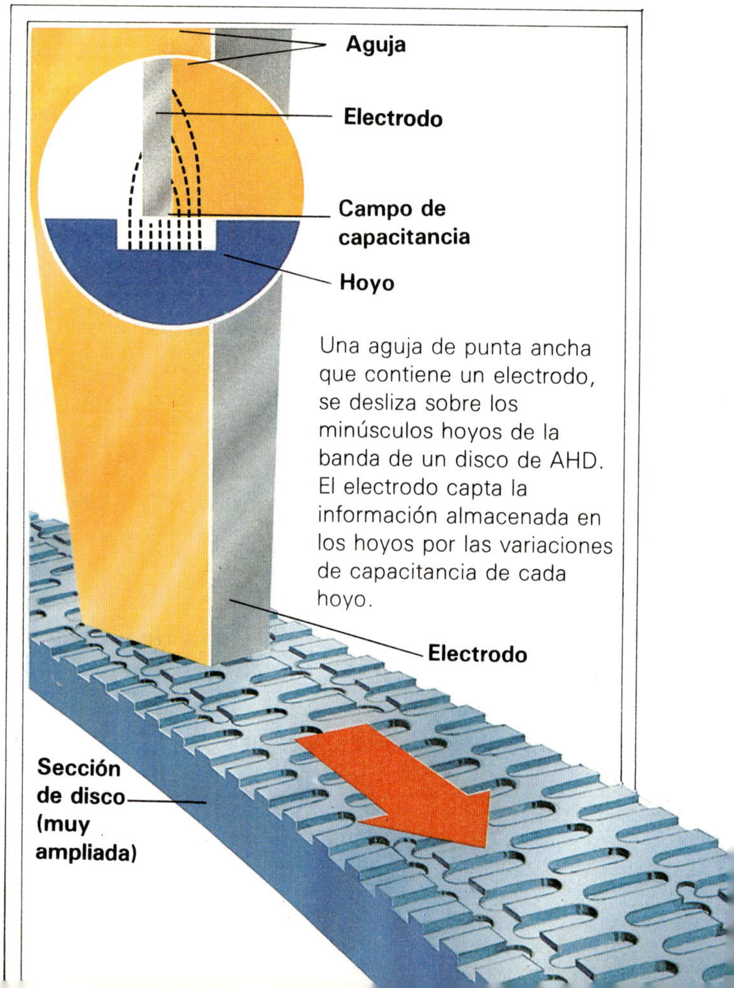

Una aguja de punta ancha que contiene un electrodo, se desliza sobre los minúsculos hoyos de la banda de un disco de AHD. El electrodo capta la información almacenada en los hoyos por las variaciones de capacitancia de cada hoyo.

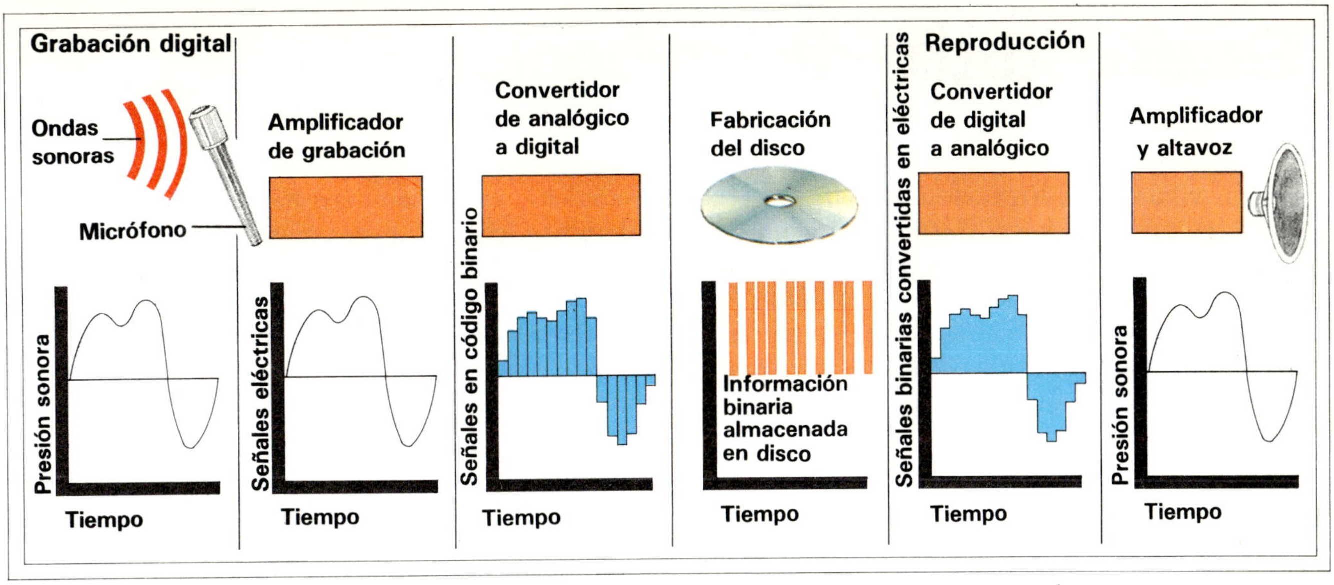

▲ En el sistema digital de grabación/reproducción, las señales procedentes de micrófono se transforman en una serie de dígitos en código binario. De esta forma, las señales son menos sensibles a la distorsión, el ruido y los cambios de velocidad. Para oír los sonidos, las señales vuelven a convertirse de digitales en analógicas.

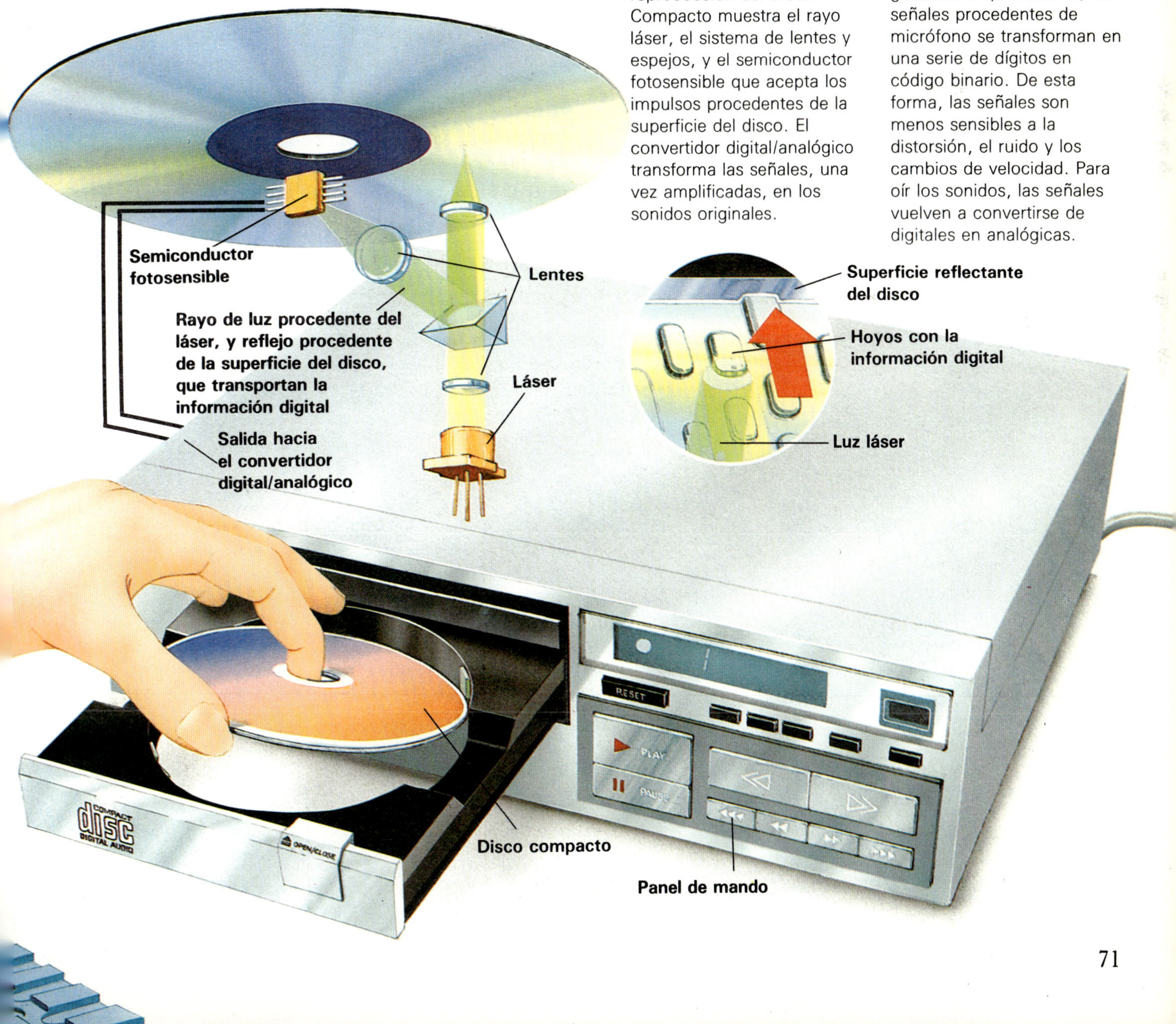

◄ El sistema de reproducción del Disco Compacto muestra el rayo láser, el sistema de lentes y espejos, y el semiconductor fotosensible que acepta los impulsos procedentes de la superficie del disco. El convertidor digital/analógico transforma las señales, una vez amplificadas, en los sonidos originales.

En el estudio de grabación

Para grabar un disco hay dos opciones: grabación «en vivo» en el lugar donde se produce la música (en una sala de conciertos, por ejemplo), o grabación en estudio. La mayoría de las grabaciones tienen lugar en sesiones especiales en estudio, sin público. Si alguien comete un error, es fácil volver a grabar esa parte del programa. También es posible ajustar el equilibrio entre los diversos instrumentos y voces.

Una sesión clásica de grabación

Para grabar a una orquesta completa, quizá con coro, se necesita un estudio muy grande. Aparte de los ejecutantes están los técnicos de grabación, dirigidos por el productor de la grabación y el ingeniero de sonido.

A un extremo del estudio suele haber una ventana con doble vidrio. Tras ella hay una cámara aislada de ruidos en la que están las grabadoras de cinta, los amplificadores y equipo electrónico diverso. El centro de esta sala de control es el pupitre de mezcla, que controla los niveles sonoros de varios micrófonos y de otras entradas. Cada entrada está ligada a un canal, que a su vez tiene un desvanecedor para ajustar el nivel de sonido. En los grandes pupitres, llamados consolas, otros botones modifican las señales y las encaminan hacia distintas bandas de cinta, controlan posiciones y controlan altavoces.

Grabando un disco pop

Cuando un grupo pop graba un disco, se utiliza todo un arsenal de artilugios técnicos. Esto puede incluir grabación multibanda en cinta, con una voz en una banda, un piano en otra, batería en una tercera, y así sucesivamente hasta 24 bandas o más en una cinta de 50 milímetros (2 pulgadas). Pero actualmente se usan comúnmente cintas de 25 milímetros para la grabación original.

Entre los trucos técnicos utilizados en las sesiones de pop está la sobreimpresión. Mediante ella, un músico que no estaba presente el primer día de grabación puede escuchar los sonidos que ya están en la cinta y añadir su parte. Y cuando el equilibrado sonoro de una cinta multibanda es crítico, pueden hacerse ajustes en una etapa de «remezclado». Esto lleva a montar toda la cinta sobre una cinta maestra de mezcla, que dará lugar finalmente a los discos LP o sencillos.

▲ Primer plano de parte de una consola de mezcla. Ésta tiene capacidad para 36 entradas, dando 24 salidas que se mezclan hasta conseguir las bandas gemelas del estéreo.

▶ Intérpretes de rock en el estudio. Oyen los otros instrumentos por auriculares. Los ejecutantes están separados por pantallas acústicas para evitar pérdidas o interferencias sonoras.

◀ El productor y el ingeniero sentados ante la consola de mezcla. Oyen a la orquesta (que se ve a través de la ventana aislante) por altavoces. Los sonidos son controlados en la consola y luego enviados a la máquina grabadora de cinta.

Cómo se fabrican discos y cassettes

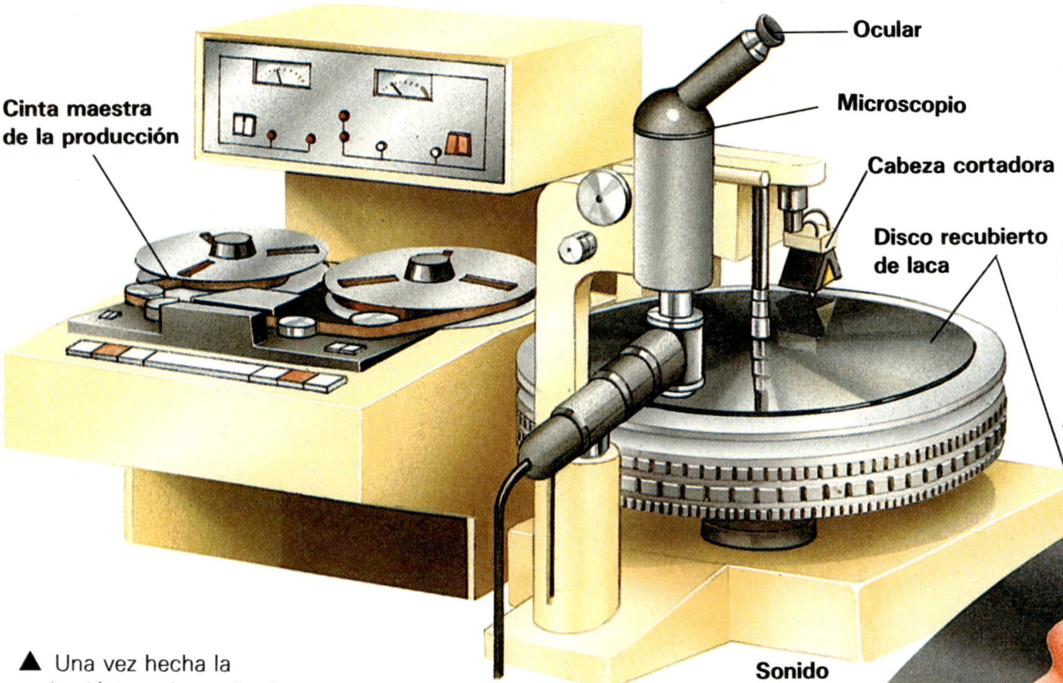

▲ Una vez hecha la grabación en el estudio, las señales son enviadas del pupitre de mezcla al grabador de cinta maestra. Tras el remezclado final y el montaje, la cinta maestra del estudio se copia haciendo una cinta maestra de producción. Esta es la que alimenta el torno cortadiscos.

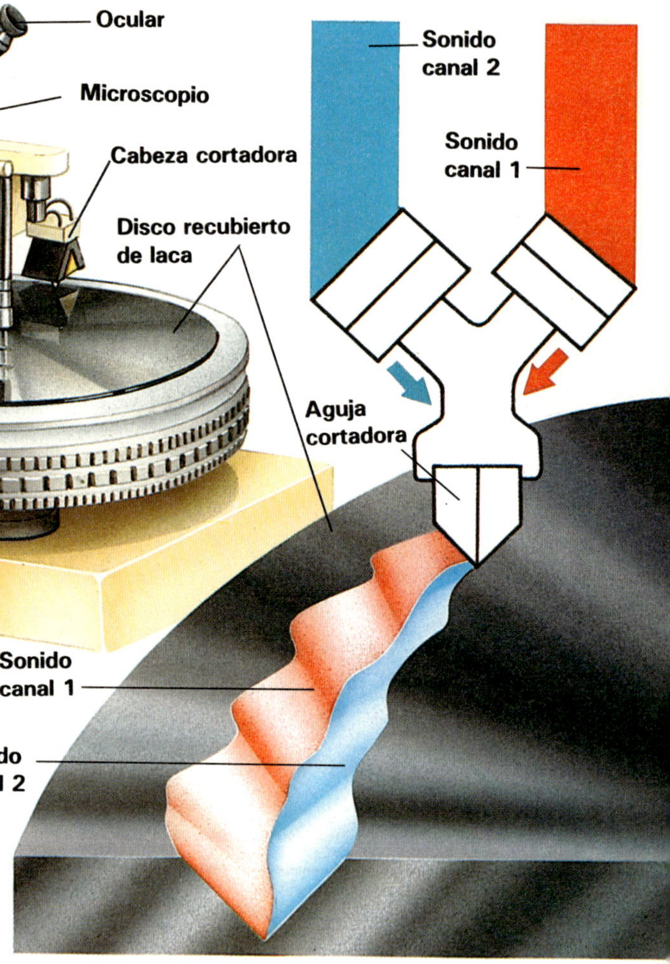

▶ Las señales eléctricas procedentes de la cinta maestra de producción accionan la aguja de la cabeza cortadora. La aguja corta un surco de estéreo, cuidadosamente controlado en profundidad y nivel sonoro, en un disco de aluminio revestido de laca.

Una vez hecha una grabación en estudio, la cinta maestra es regrabada sobre un disco virgen recubierto de laca. Esto se hace en una máquina cortadora de discos. El disco virgen se coloca sobre un plato giratorio de la máquina y se hace girar a velocidad muy exacta, generalmente 33¹/₃ o 45 rpm (revoluciones por minuto). La cabeza cortadora de la máquina recorre el disco desde el borde exterior hacia el centro, cortando un surco en espiral. La púa cortadora tiene forma de V y es de zafiro artificial, o a veces de diamante auténtico.

Moldeo por compresión

El disco de laca recibe un revestimiento de plata y luego se coloca varias horas en un baño galvánico para revestirlo con níquel. Cuando el disco recubierto de níquel se desprende de la laca, queda convertido en un «patrón negativo» con resaltos en lugar de surcos. El negativo vuelve a revestirse para crear un positivo o «matriz». Del positivo se forma eléctricamente un estampador o negativo metálico que se usa como molde para estampar los discos finales.

Después de centrar cuidadosamente el estampador para hacer el orificio central del disco, se hace el estampado final. En las mordazas de una prensa calentada se coloca un estampador para cada cara del disco. Las etiquetas se colocan en la prensa con un trozo de vinilo que ha sido precalentado. El tiempo de prensado suele ser inferior a 30 segundos. Entonces se hace pasar por la prensa agua de refrigeración, se abren las mordazas y los discos pueden ser extraídos por el operador.

Después de recortar la «rebaba» de plástico en

▲ El disco de laca se rocía con plata y se cubre de níquel, formando un ''patrón negativo'' con resaltos en vez de surcos.

▲ El patrón negativo se recubre, formando un positivo o ''matriz''.

▲ El positivo se usa para formar el estampador, que se emplea para prensar los discos definitivos.

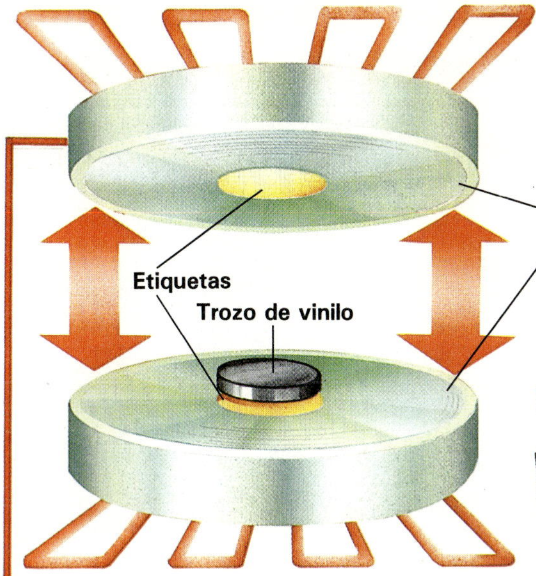

◀ Se montan en la prensa dos estampadores (uno para cada cara del disco). Entre ellos se coloca un trozo de vinilo precalentado, junto con las etiquetas.

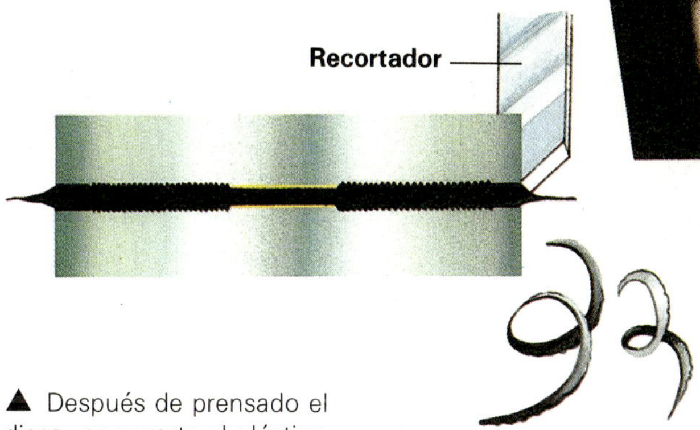

▲ Después de prensado el disco, se recorta el plástico sobrante.

▲ Se saca brillo a los discos y se los inspecciona antes de meterlos en las fundas. Se llevan a cabo comprobaciones de calidad para asegurarse de que no hay defectos causados por estampadores desgastados.

exceso que queda alrededor del disco, se le da brillo, quedando listo para meter en su funda. Este método se llama moldeo por compresión.

Otros métodos

Otros métodos de fabricación de discos son el moldeo por inyección y el repujado. También existe el disco de corte directo, en el cual los moldes de laca se graban sin etapa intermedia en cinta. El objetivo es eliminar cualquier distorsión o ruido, pero este sistema implica que los intérpretes no pueden cometer errores, ya que no es posible el montaje. Los discos compactos se prensan de manera semejante a los de vinilo, pero el proceso usado para producir el disco maestro es más refinado, pues cada disco tiene en su superficie miles de millones de hoyos minúsculos.

Producción de cintas en cassette

Hoy día las cassettes pregrabadas son tan populares que las empresas importantes publican simultáneamente discos y cassettes. La producción en masa de cinta es por un sistema diferente y más caro que la de discos.

La cinta maestra, generalmente a una velocidad de 19 cm. por segundo, se transfiere a una cinta maestra especial de 25 mm. de anchura. Ésta tiene cuatro bandas, para dos canales estéreo en cada sentido. La cinta se carga en una unidad especial que gira a alta velocidad. Sus señales sonoras se alimentan a una docena o más de máquinas «esclavas» que copian la grabación. Los rollos grabados se colocan entonces en una máquina que corta automáticamente las copias a la longitud correcta e introduce la cinta en los estuches.

Radiodifusión

Durante los primeros años de la televisión, se temía que los días de la radio estuvieran contados. Desde entonces la radio ha experimentado muchos cambios, y hoy día, a causa de su atención a intereses especiales como la música y la educación, mucha gente sigue escuchándola. Las emisoras locales que sirven a sus propios distritos, también aumentan de número. Son especialmente útiles para dar noticias locales.

Cómo funciona la radio

Cuando se emiten señales sonoras, van combinadas con una onda de alta frecuencia llamada portadora. Las altas frecuencias de la onda portadora se denominan radiofrecuencias (RF). Las unidades empleadas son megahertzios (MHz) y gigahertzios (GHz). Un MHz equivale a 1.000.000 de Hz, y un GHz a 1.000.000.000 Hz.

El proceso de poner las señales sonoras en la onda portadora se llama «modulación». Puede hacerse de varias formas. Las más empleadas en la radiodifusión del sonido son la AM (modulación de amplitud) y FM (modulación de frecuencia). El primer método se ha usado desde el principio de la radiodifusión.

Las emisiones de ondas corta (SW) media (MW) y larga (LW) son en AM. En éstas, la amplitud de la señal radiofónica varía según la intensidad del sonido modulador procedente del micrófono, el disco o la cinta. Después del anochecer, las transmisiones de onda media no suelen recibirse bien a causa de la interferencia de emisoras lejanas. En las emisiones de FM, la frecuencia de la onda portadora se hace aumentar y disminuir de acuerdo con la señal audio.

Emisiones en estéreo

Para la transmisión de sonido estereofónico se lanzan al espacio dos señales de audio separadas (canales izquierdo y derecho). Los dos canales se codifican formando una señal «múltiplex» con modulación de frecuencia sobre una portadora estándar. Para hacernos una idea del funcionamiento del sistema, pensemos en las señales izquierda y derecha alternándose a muy alta velocidad (38.000 veces por segundo) en la onda

▶ Cómo viajan las ondas de radio. Las ondas cortas son proyectadas hacia arriba y se reflejan en la ionosfera. Las ondas de VHF pueden enviarse tangentes al horizonte con antenas altas de emisión y recepción. Las radio-ondas de super-alta frecuencia salen al exterior, pero pueden ser devueltas por satélites.

◀ Una entrevista radiofónica con Elton John. Los micrófonos llevan protecciones para evitar ruidos de dicción y respiración cercanas. El entrevistador recibe indicaciones del productor que está en la sala de control, a través de sus auriculares.

▼ Dando las noticias. El locutor recibe instrucciones de la sala de control a través de sus auriculares.

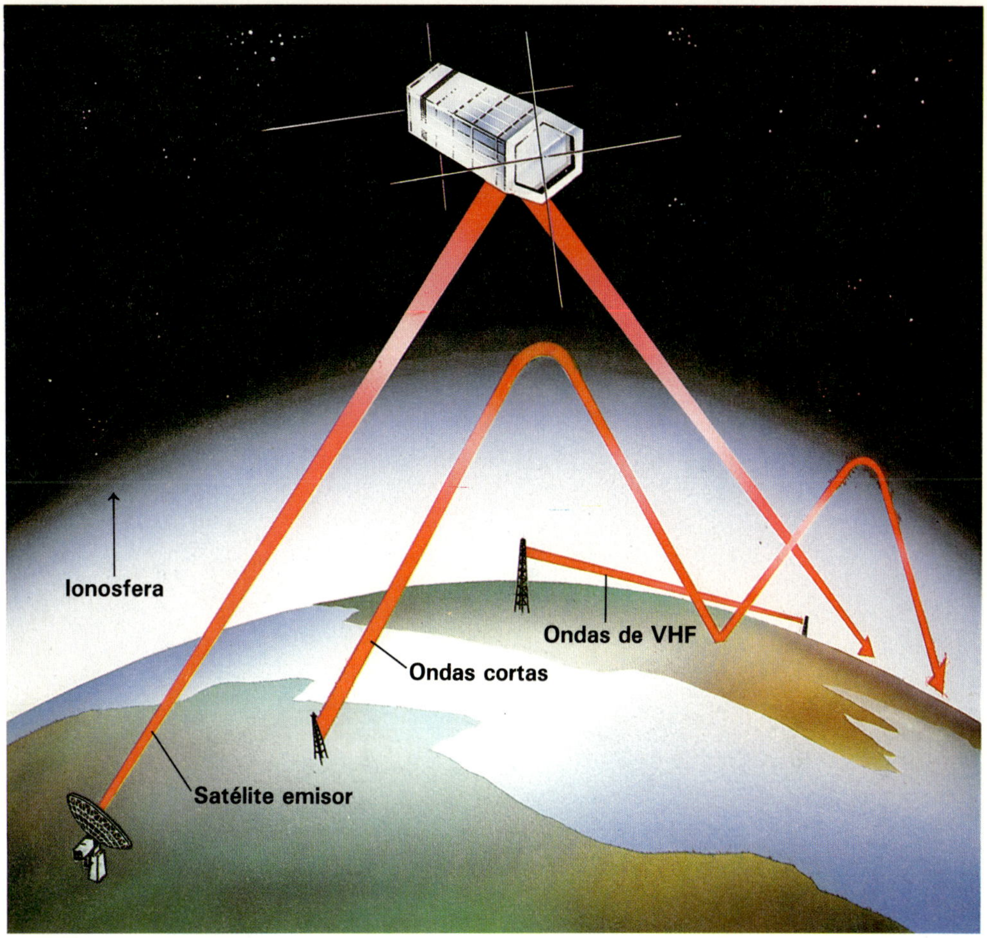

portadora. Un «tono piloto» mantiene sincronizado al emisor con el receptor. El sistema es «compatible», o sea que un aparato de radio normal puede captar sonido mono de una emisión estéreo.

Los entusiastas de la hi-fi usan VHF (muy alta frecuencia) siempre que pueden. La técnica de la FM requiere una antena efectiva y un cuidado especial al sintonizar la emisora deseada. En una radio con pulsadores, la presintonía ha de hacerse con mucha exactitud.

Emisiones desde el exterior

Para hacer programas desde lugares situados fuera del estudio, se necesita un vehículo de emisión exterior. Éstos disponen de medios para recibir y mezclar sonidos de varias fuentes. Las señales son retransmitidas a la base en UHF (ultra alta frecuencia) con indicaciones e instrucciones enviadas por un canal de VHF de ida y vuelta.

Música en movimiento

El equipo de sonido de los coches suele estar instalado en el salpicadero. Los aparatos pueden ser desde simples radios a radio cassettes estereofónicos.

Los equipos portátiles de hi-fi se están haciendo cada vez más populares, sobre todo por la introducción de aparatos de cassettes y de radio-cassettes estereofónicas de bolsillo. Muchos de éstos pueden funcionar con pilas y con corriente.

Los sistemas de sonido móviles también son accesorio habitual de los coches nuevos. Pero el interior de un coche no es el mejor lugar para oír sonido de alta fidelidad. La acústica no es buena, y las variaciones de temperatura causan problemas al equipo. Estas dificultades han sido tratadas de formas varias por los diferentes fabricantes.

La radio del coche

A pesar de las recientes mejoras en la calidad de las cintas, muchos entusiastas del sonido creen que la radio continuará siendo la fuente sonora más usada para audición en el coche, aunque los aparatos de discos compactos parecen tener mucho futuro.

Los diseñadores de equipo radiofónico para coches han de tener presente que el vehículo se desplaza, y por tanto que sus circuitos de radio tienen que afrontar todos los problemas de recepción que se dan en la conducción. La radio debe ser sencilla de manejar mientras se conduce, y por eso los sistemas actuales tienen selección de emisoras mediante teclas además de la manual. La exploración de la banda de sintonía se hace automáticamente, deteniéndose al recibirse una señal fuerte.

También hay circuitos para reducir ruido y para mantener la señal de estéreo el mayor tiempo posible. Cuando la recepción de estéreo es demasiado pobre, el circuito cambia a sonido mono. Algunos diseños amortiguan el aumento de ruido al pasar por un túnel y mejoran la recepción del área marginal. El ruido en la banda VHF/FM, causado por el sistema de encendido del coche, o las interferencias de otros vehículos, deben suprimirse por medio de dispositivos de un circuito especial.

Entre los últimos adelantos en radios para coches está la sintonía digital sintetizada, con 15 emisoras prefijadas y un sistema de autoselección. Pero la última palabra en equipos de sintonía (exceptuando la orden verbal para localizar una emisora) es un mando de pie que permite buscar automáticamente la emisora deseada, silenciando el sonido durante el proceso de búsqueda.

La antena

Un componente que no se encuentra en el interior de ningún coche es la antena. Si estuviera dentro del coche, la señal se extinguiría cuando el coche cambiara de dirección. La masa metálica de la carrocería haría efecto de pantalla, y si la antena estuviera colocada detrás del salpicadero captaría interferencias del encendido.

Existen varios tipos de antena: retráctil o semirretráctil montada en el guardabarros, sobre montante y montada en el techo. Las antenas mecánicas pueden subirse y bajarse desde dentro del coche. La mejor longitud para una antena de FM es de 0'75 a 0'85 metros, pero para recepción de AM no hay longitud preferente; de hecho, cuanto más larga mejor.

Los altavoces

El eslabón más débil de la cadena radiofónica de un coche es sin duda el sistema de altavoces. Los hay en varios formatos, como los modelos compactos en salpicadero con «woofers» dentro de las puertas traseras.

El aparato de cassettes

Hasta hace poco había para el coche dos sistemas de cinta rivales, que requerían máquinas diferentes. Eran el aparato de cartucho con cambio automático de sentido, y la popular cassette. Este último sistema ha prevalecido porque requiere mucho menos espacio dentro del coche. Además, las cassettes pueden utilizarse también en casa. Con el advenimiento de los sistemas de microcassettes, pronto se dispondrá de aparatos mixtos de radio y cinta todavía más pequeños.

Para conseguir la mejor reproducción sonora, los aparatos de cassettes pueden tener sistemas de reducción de ruido como el Dolby, controles separados de bajos y agudos, y selector para cinta normal, de cromo o metálica.

Hay equipos portátiles de hi-fi de todas las formas y tamaños. Los radio-cassettes estereofónicos llevan altavoces incorporados. Los micro-cassettes se utilizan con auriculares.

Comunicaciones por radio

A finales de los años 40 y principios de los 50, los equipos receptores y emisores se hicieron más accesibles. Hoy día, cualquiera puede comprar un emisor-receptor, y para hacerlo funcionar sólo necesita extender una sencilla antena dipolar o instalar en el tejado un equipo direccional Yagi.

Si se quiere tener código reconocido, hay que pasar un sencillo examen, que incluye el alfabeto Morse. Cada país tiene su propia legislación al respecto.

La banda ciudadana (CB)

Ya en 1948 se desarrollaba en los EE.UU., la Banda Ciudadana, que ahora se ha extendido a más de 60 países. El propósito básico de la CB era permitir a los radioaficionados la instalación

▲ Este topógrafo lleva su avisador de radio sujeto a la carpeta.

◀ Los teléfonos de coches son útiles para estar en contacto con la oficina.

▶ Este camionero puede comunicarse con otros vehículos a través de su aparato de CB.

en su coche, caravana, lancha u hogar, un modesto equipo emisor-receptor con el cual pudieran discutir con otros usuarios de la CB el estado de las carreteras, el tiempo y otras cuestiones.

Desgraciadamente los aficionados pueden causar confusión e interferencias en ciertos canales si no manejan correctamente su emisor-receptor. Todo lo que se necesita para manejar la CB es una licencia que se compra por una tarifa módica. No se necesita ningún conocimiento técnico ni pasar ningún examen. En muchas partes del mundo la radio CB utiliza sistemas de AM. Pero en el Reino Unido, cuando en 1981 se reconoció oficialmente la CB, se adoptó una banda FM de 27 MHz (Canal 14).

Equipo portátil
Los servicios móviles de radio, sólo para uso privado, suelen tener sistemas radiotelefónicos de ida y vuelta en VHF o UHF (por ejemplo, funcionando entre un almacén central y los camiones de reparto). Las frecuencias disponibles para taxis y vehículos comerciales están alrededor de 80 y 170 MHz, con una anchura de canal de 12 KHz; y de 460 MHz con una anchura de canal de 25 KHz. Las antenas y postes deben cumplir las condiciones de altura y diseño estructural especificadas por la autoridad local.

Los radioteléfonos portátiles de baja potencia pueden llevarse a mano o colgados del hombro. Los sistemas de aviso pueden estar diseñados simplemente para mensajes en un sentido, aunque a veces se necesita capacidad de respuesta, como en el caso de la policía. Muchos radioavisadores son tan pequeños que pueden meterse en el bolsillo.

Pueden conseguirse también teléfonos personales de coche que permiten hacer llamadas por la red telefónica mientras se conduce. Un adelanto de este sistema, en el que se está trabajando en el Reino Unido, es la llamada «radio celular». Proporcionará 660 frecuencias en lugar de las actuales 110. El sistema se llama así por el hecho de que cada ciudad en que se opera estará dividida en células. Cada célula tiene un emisor de baja potencia, y cuando se pasa de una célula a otra, un ordenador pasa la señal al siguiente emisor.

Alcance de la TV y el Vídeo

Cuando seáis mayores y vuestros hijos vayan a la escuela, este libro seguramente no existirá. De hecho, las escuelas tal como ahora las conocemos seguramente tampoco existirán, y las bibliotecas con libros pueden que sean museos. Todo esto sucederá a causa de la televisión y el vídeo. La televisión se inventó en la década de 1920 por John Logie Baird.

Estudiando por televisión

Visitemos un hogar del futuro, digamos del año 2000, y veamos lo que hace cada uno. Alicia tiene 12 años. No está matando el tiempo viendo la tele; está en la escuela. En la pantalla está su maestra. Ve a Alicia una vez por semana para supervisar su trabajo escrito, pero no por mucho rato. Dando clase por televisión podría tener en su clase a mil alumnos a la vez, pero no tiene más de cien. A Alicia le gusta «ir al colegio» en la sala, donde hay una fila de pantallas adosadas a la pared. Se pone auriculares para oír a la profesora.

El hermano de Alicia, Pedro, trabaja solo en su alcoba con una pantalla personal más pequeña. Tiene 20 años y, aunque vive en Gran Bretaña, estudia con el *Massachusetts Institute of Technology* de los Estados Unidos. Su microordenador y su pantalla están enlazados por teléfono a la biblioteca local. Le están enviando a Pedro un nuevo artículo escrito en Estados Unidos. La biblioteca lo ha recibido durante la noche, aprovechando el tiempo de ordenador de tarifa reducida.

Trabajo y ocio

El padre ha trabajado en la casa los últimos cinco años, desde que su supermercado quedó totalmente automatizado. Como gerente de suministros del supermercado, todos los lunes por la mañana supervisa las existencias de los estantes a través de cámaras de televisión en circuito cerrado. En la pantalla de su casa también puede estudiar los totales que le da el ordenador, referidos a las cajas automáticas de salida.

La madre ve un programa de televisión en directo. Su programa matutino favorito es el de la nueva emisora europea de noticias de 24 horas que la familia recibe a través del receptor de satélite instalado en el tejado.

El abuelo Ruiz es el único miembro de la familia que usa el disco de vídeo. En este momento está mirando un catálogo de dalias, y el disco de vídeo le proporciona la mejor imagen que se puede conseguir por sistema alguno.

La abuela Ruiz está mal de las piernas y pasa el tiempo mirando los acontecimientos callejeros por el sistema local de circuito cerrado. El ayuntamiento había instalado el sistema en principio para intentar acabar con los robos.

Televisión y vídeo en el año 2000
Pedro
Mamá
El abuelo Ruiz
La abuela Ruiz
Papá

El receptor de TV

Cualesquiera que sean los aparatos que tengamos en casa el año 2000, lo que es seguro es que habrá algún tipo de receptor de televisión. La palabra *televisión* significa realmente «imágenes a distancia», pero para dar una idea de cómo produce el aparato esas imágenes, sería mejor usar en cambio la palabra «puntivisión».

Cómo funciona la televisión

El aparato de televisión tiene tres partes principales: el sintonizador, el altavoz y el tubo de rayos catódicos, además de varias piezas electrónicas que tratan la señal para el tubo de rayos catódicos.

El sintonizador recibe diferentes señales de varias emisoras de televisión a través de la antena, que capta las señales del aire. El sintonizador separa las imágenes del sonido. Las dos han viajado juntas desde el transmisor (v. páginas 86 y 87). La parte del sintonizador que puede verse es un conjunto de botones o teclas que nos permiten elegir canal.

El altavoz recibe el sonido en forma de ondas de señales electrónicas. Las señales activan un imán en el altavoz. A su vez el imán hace vibrar un cono de cartón, muchas veces por segundo, poniendo el aire en movimiento y produciendo los sonidos que oímos.

▲ La imagen parece fija, pero los rayos de electrones barren la pantalla 50 veces por segundo. Los puntos de fósforo se ponen rojos, azules o verdes, creando el esquema de cada imagen. Acercándose mucho a la pantalla pueden verse los puntos.

▶ La parte principal del televisor es el tubo de rayos catódicos. El extremo ancho es la pantalla que vemos. El extremo fino contiene tres cañones de electrones que ''rocían'' electrones a través de una rejilla y contra los puntos del fósforo. Algunos aparatos utilizan un solo cañón.

Recepción de imágenes en color

La señal de imagen se envía al tubo de rayos catódicos. La parte ancha de ese tubo es lo que reconocemos como pantalla del televisor. La pantalla está revestida interiormente con puntos de fósforo dispuestos en series de tres para producir los tres colores de la televisión: rojo, azul y verde. Detrás de la pantalla hay una placa delgada llamada rejilla que lleva unas ranuras. Cada ranura es para un grupo de puntos.

La parte estrecha del tubo de rayos catódicos queda oculta dentro del televisor. Contiene tres cañones de electrones. Los cañones lanzan electrones contra los puntos de fósforo a través de las ranuras de la rejilla. Al recibir el impacto de los electrones, los puntos de fósforo se iluminan con colores formando un dibujo, o imagen. Cada punto sólo puede recibir electrones de un cañón por la disposición que tienen las ranuras. Algunos de los aparatos más modernos tienen un solo cañón para disparar los tres colores.

Los rayos salen como el agua de un aspersor de riego, describiendo en zig-zag sobre la pantalla unas líneas horizontales. En Europa las imágenes de televisión tienen 625 líneas, y en los Estados Unidos 525. Los cañones hacen dos barridos. El primero se salta una línea de cada dos. El segundo rellena las líneas omitidas. Todo esto pasa 50 veces por segundo.

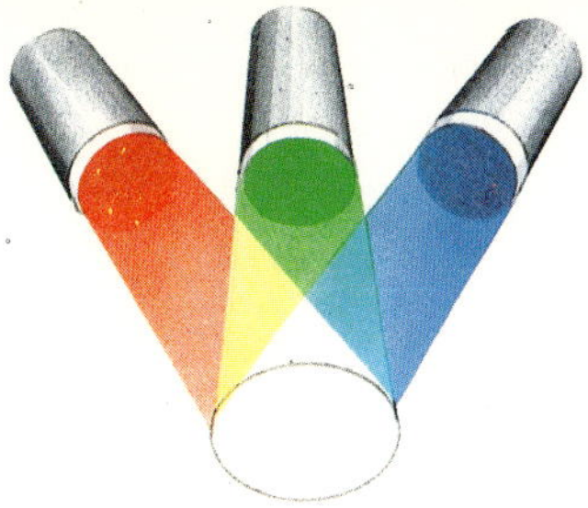

◀ Todos los colores que se ven en una pantalla de televisión están compuestos por los tres colores primarios de la luz: rojo, azul y verde. El rojo mezclado con el verde da amarillo. El rojo, azul y verde mezclados forman la luz blanca.

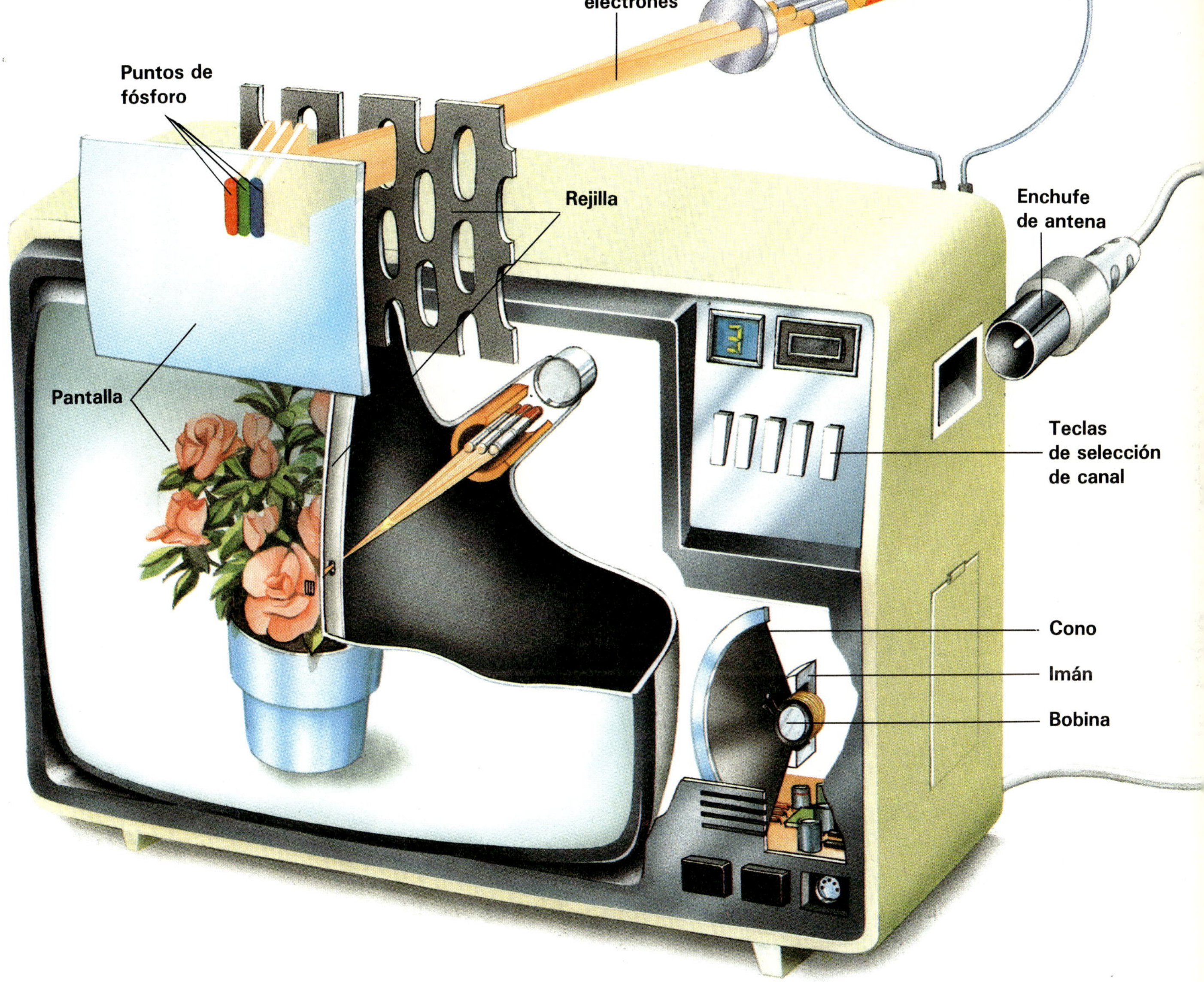

Imágenes en blanco y negro

Los mismos puntos de fósforo y cañones de electrones, que configuran las imágenes en color, se utilizan para producir imágenes en blanco y negro. Los tres colores se mezclan creando sombras negras, blancas y grises. Resulta difícil entender cómo es esto posible, porque estamos acostumbrados a mezclar pinturas de colores que se comportan de manera distinta que los colores de la luz.

Si queréis experimentar mezclando luces, probad esto: Coged tres linternas y poned película roja delante de una, azul delante de otra y verde delante de la tercera. Ahora proyectad las luces roja, verde y azul sobre una pantalla blanca. La zona donde se solapan los colores se verá blanca.

Imágenes por el aire

Como la más sencilla de las cámaras de bolsillo, la cámara de televisión tiene un «ojo» o lente. La luz emitida por los objetos entra en la cámara a través de la lente y se transforma en señales eléctricas. Éstas se combinan con ondas portadoras y se lanzan al aire desde los transmisores. El televisor capta estas señales y las convierte en una imagen sobre la pantalla.

Cómo funciona la cámara

Dentro de la cámara hay tres tubos, y al extremo de cada uno de ellos hay una placa. Esas placas están recubiertas con un material sensible a la luz que se altera al tocarlo la luz. Todos los objetos reflejan la luz. La luz proveniente del objeto entra por la lente de la cámara. Toca las placas y el material fotosensible desprende electrones que recorren el tubo.

Un electrón es parte de un átomo. Cuando los electrones empiezan a desprenderse de los átomos de la placa, dejan un dibujo de cargas eléctricas positivas. Estas cargas contienen toda la información necesaria para producir una imagen sobre una pantalla de televisión.

Una vez que se ha creado esta trama de información, ha de enviarse fuera de la cámara. Esto se hace usando cañones de electrones, situados al otro extremo de los tres tubos. Cada cañón dispara electrones contra su placa para leer, o explorar, la trama y convertirla en señales eléctricas. El chorro de electrones explora la placa de manera parecida a los cañones de electrones dentro del televisor, y también es muy rápido. La placa es barrida 50 veces por segundo.

Televisión en color

Antes del advenimiento de la televisión en color la cámara sólo tenía un tubo. Ahora que se transmiten colores, la luz que pasa por la lente de la cámara ha de descomponerse en sus tres colores primarios: rojo, azul y verde.

Cada uno de los tres tubos de la cámara se dedica a un color. La luz que nos parece blanca, realmente es una mezcla de todos los colores del arco iris. En la cámara de televisión en color hay una serie de filtros llamados espejos dicroicos, que descomponen la luz en haces de luz roja, azul y verde, y se transforman en señales eléctricas.

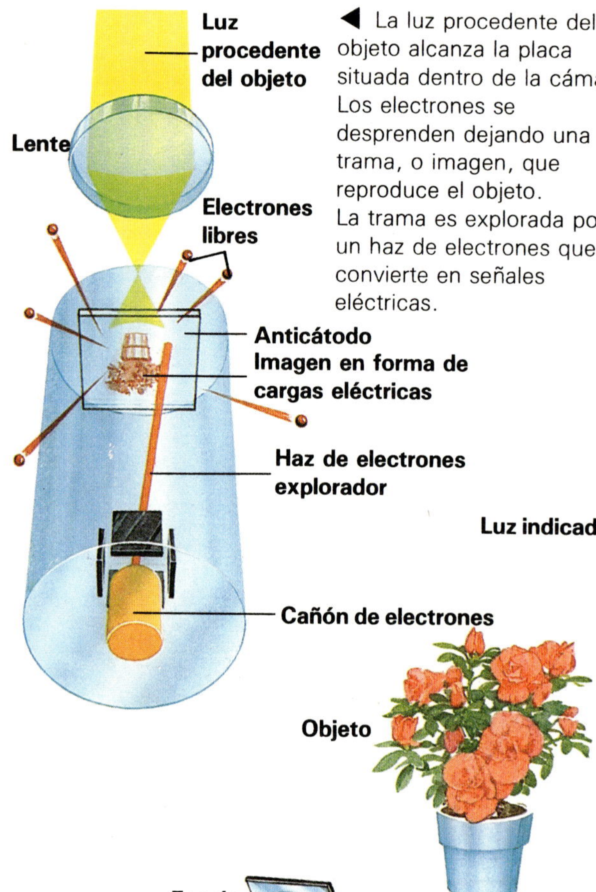

◀ La luz procedente del objeto alcanza la placa situada dentro de la cámara. Los electrones se desprenden dejando una trama, o imagen, que reproduce el objeto. La trama es explorada por un haz de electrones que la convierte en señales eléctricas.

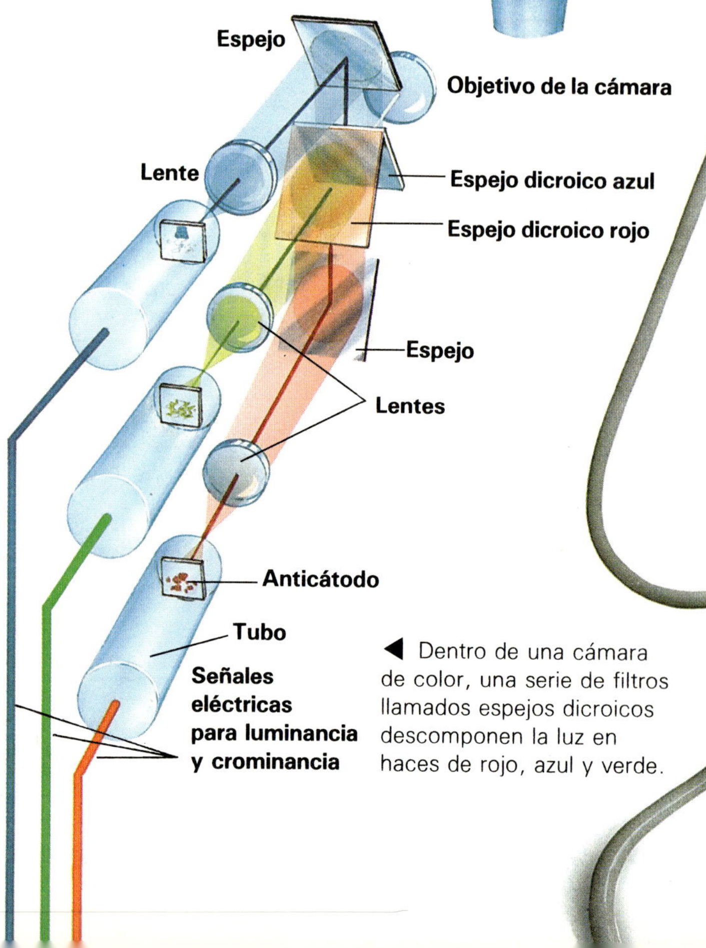

◀ Dentro de una cámara de color, una serie de filtros llamados espejos dicroicos descomponen la luz en haces de rojo, azul y verde.

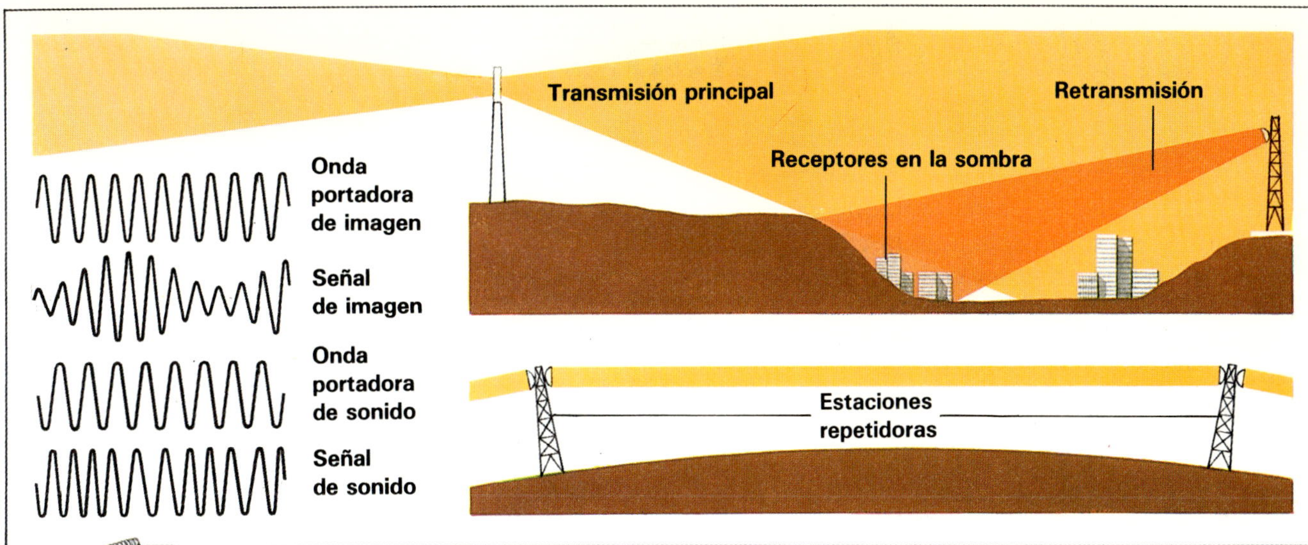

▲ En el transmisor, los ingenieros utilizan dos osciladores para producir ondas portadoras. Una onda se mezcla con la señal de imagen, y la otra con el sonido. Ambas son reforzadas (amplificadas) y mezcladas antes de emitirlas.

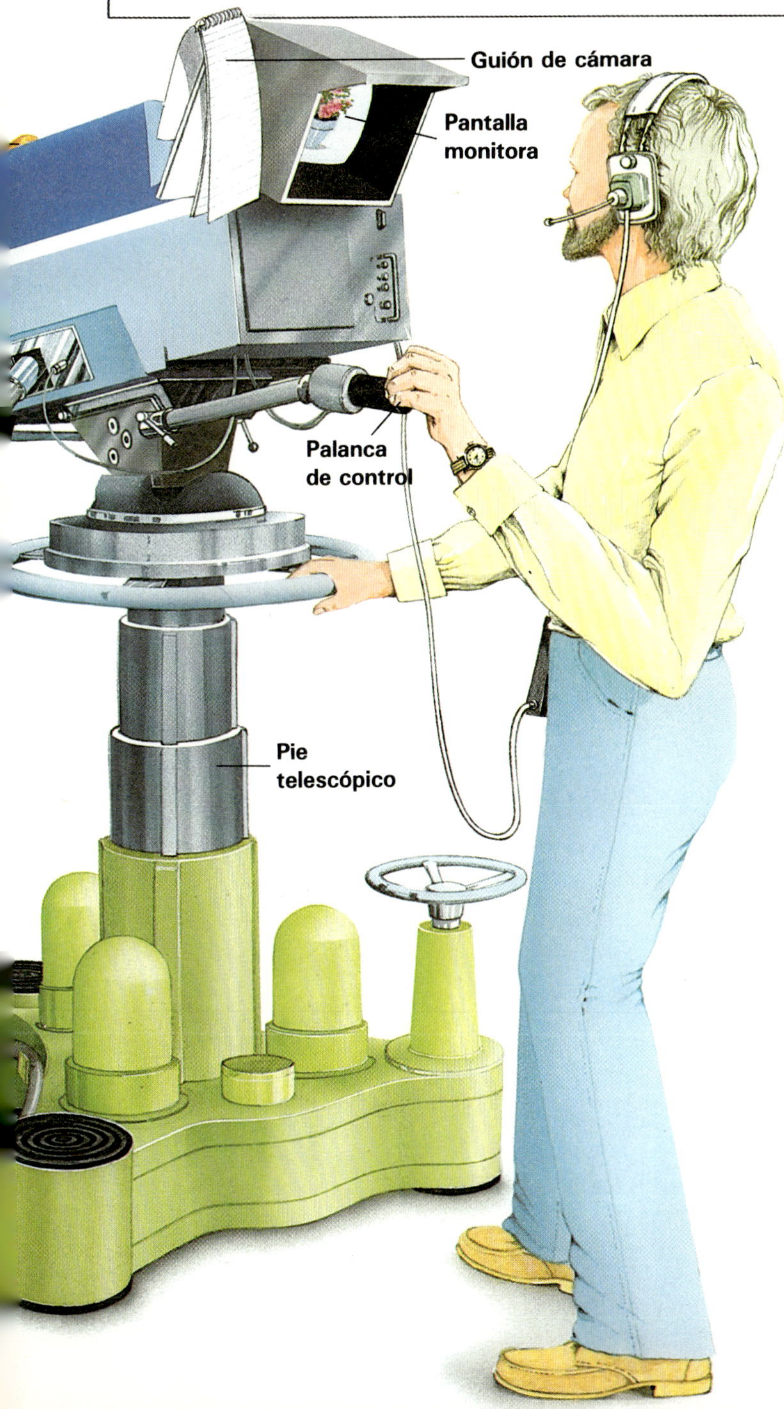

◀ La cámara de estudio es grande y pesada, pero puede moverse con facilidad. El operador puede deslizarse hacia atrás, hacia adelante y hacia los lados. Controla la lente con la palanca, enfocando el zoom para acercarse al objetivo o alejarse de él sin moverse.

Transmisión de señales

Los tres tubos mezclan primero la luz produciendo una señal llamada de luminancia, que sólo distingue entre luz y sombra y que puede ser recibida también por aparatos de blanco y negro. Luego los tubos producen la señal de color o crominancia. Ambas señales son enviadas al transmisor.

En el transmisor, los técnicos crean dos ondas de radio llamadas ondas portadoras. Una lleva la señal sonora que se corresponde con la imagen. La otra lleva las señales de imagen (luminancia y crominancia).

Finalmente se combinan las dos ondas portadoras y se emiten. Las ondas portadoras no pueden cruzar montañas o edificios y necesitan reforzarse cada 97 kilómetros; para esto se las hace pasar por una red de transmisores y estaciones repetidoras.

En el plató del estudio

La imagen que vemos en nuestros televisores es sólo una pequeñísima parte de lo que está sucediendo en el estudio. Echemos la cámara atrás para «ensanchar la toma» y veremos mucho más.

Los operadores

En primer lugar, veremos cuatro o cinco cámaras manejadas por personas con auriculares. A pesar de su tamaño, las cámaras de televisión pueden deslizarse como cisnes y moverse con un dedo. A veces se monta una cámara de manera que puede columpiarse en el aire para conseguir tomas espectaculares.

Cada operador tiene un pequeño monitor en su cámara para indicarle lo que está siendo transmitido a los telespectadores, además de un visor para ver la imagen de su propia cámara. Puede cambiar la toma moviendo el objetivo hacia adentro o hacia afuera *(zoom)* y desplazando la cámara sobre el suelo (*traching*, seguimiento).

El director y el realizador

El director da todas las órdenes en el estudio. Da instrucciones por un micrófono y usa palabras especiales para indicar la clase de toma que se requiere. Por ejemplo, si el director pide un primer plano de alguien, es que quiere que el operador saque sólo la cara.

La persona que corre por todo el estudio con los auriculares puestos es el realizador, que organiza todo lo que pasa en el plató. Se cuida de los invitados al programa y se asegura de que todo funcione sin problemas. El estudio mismo, especialmente si no hay auditorio, está dividido en zonas, de manera que el personal del estudio pueda pasar de una escena a otra sin parar.

El director de un programa magazine para niños dividirá el estudio en tres zonas diferentes. La más pequeña tendrá una mesa para que el locutor o presentador introduzca los temas. Otra tendrá unas pantallas, o *flats,* para exponer material, como por ejemplo dibujos, y la tercera, un gran espacio junto a las puertas del estudio, puede usarse para presentar grandes números.

Sonido y luz

El sonido es tan importante como las imágenes. Mucho antes de que empiece el programa, los técnicos de sonido han estado en el plató poniendo micrófonos, o «micros», en la mesa o colgados encima de la escena.

Las luces se sitúan en el techo del estudio. Estas luces llevan delante unas viseras para controlar la cantidad de luz necesaria. Los electricistas (llamados «chispas») las ajustan con largas pértigas. El conjunto está controlado por un panel de iluminación, de manera que pueden crearse diferentes efectos y colores para las diferentes escenas.

Esperando fuera del campo de las cámaras estan los empleados de escena, que mueven objetos grandes, y los de accesorios, que se ocupan de cosas pequeñas como la silla del locutor.

Una luz roja destellante en una esquina del estudio indica que sólo falta un minuto para que el programa esté en el aire. Es el momento de subir a la galería o sala de control. Desde ese momento el director controla el estudio por medio del realizador, que recibe sus intrucciones por los auriculares.

▲ Los operadores llevan auriculares para poder recibir instrucciones del director desde la sala de control.

▶ Rodando teatro en el estudio. Cada cámara da una visión diferente de la escena. Los micrófonos y los focos quedan fuera del campo de las cámaras.

1
2
3

En la galería

En los segundos que preceden al comienzo del programa puede que el director desee a todo el mundo ¡buena suerte! por el micrófono, ya que muchas cosas pueden salir mal, y todos han de concentrarse mucho y durante todo el tiempo que dure el programa.

Quién es quién en la galería

El director se sienta frente a un panel de control llamado pupitre de mezcla. A un lado del director está el mezclador de visión, que corta o produce la imagen que el director necesita, accionando llaves y mandos de control.

Al otro lado del director está un ayudante de producción, que constantemente comunica a todo el mundo, incluso al presentador, los segundos que quedan de una escena. El presentador escucha por medio de un auricular invisible para los televidentes. Así puede leer a la velocidad correcta para encajar exactamente con el material grabado.

Al menos otras dos personas se sientan frente al pupitre de control, aunque no sea tan obvia su tarea. Son los ingenieros primero y segundo, a cargo de todo, desde la iluminación a la calidad técnica de las imágenes enviadas a la galería desde el exterior del estudio.

Los monitores

Por encima del pupitre de control hay líneas de

◀ La galería, o sala de control. El director se sienta enfrente del pupitre de control y usa un micrófono para hablar al realizador y al cámara que están en el plató. La fila inferior de monitores muestra la imagen de cada cámara. El mezclador de visión salta de imagen según lo pide el director.

▶ Sala de control de un programa televisivo de noticias. Algunas partes se transmiten en directo, de manera que todo el mundo tiene que pensar y actuar rápidamente. El presentador, en el estudio, recibe instrucciones del director a través de un auricular invisible para los televidentes.

pantallas llamadas monitores. No son televisores, sino pantallas de circuito cerrado que muestran al director todas las imágenes alternativas que puede usar. Sólo en la pantalla central se ve lo que se está transmitiendo.

La imagen de cada cámara aparece en un monitor diferente. En una quizá se vea al presentador, en otra, el locutor, mientras que la tercera y cuarta mostrarán el área vacía de demostración desde ángulos diferentes. Una quinta cámara puede estar lista para el parte meteorológico.

En otros monitores puede que aparezcan cosas extrañas. La cifra seis que se ve en uno de ellos procede del departamento de cine indicando que hay una película cargada en el proyector y preparada para empezar. Tiene que empezar seis segundos antes de que la imagen esté lista, para alcanzar la velocidad correcta, igual que un atleta tiene que tomar carrerilla para un salto.

Otro monitor muestra un reloj. Es un símbolo del comienzo de una cinta de vídeo. Como la película, el vídeo requiere unos segundos para alcanzar la velocidad correcta.

En otra pantalla sólo se ven rótulos blancos. Proceden de un microordenador que genera palabras para identificar a personas o cosas del programa. Las palabras se superponen a las imágenes que aparecen en pantalla. Si en el programa se hace uso de diapositivas, se ven en la máquina llamada teleyector.

Los ingenieros de sonido

En una cabina aparte, cerca de la sala de control, están los ingenieros de sonido. De la misma manera que el director salta de cámara en cámara, los ingenieros de sonido controlan los micrófonos, añaden efectos sonoros especiales y funden sonidos. Puede ser desastroso dejar conectado un micrófono que no corresponde, pues a veces se dicen tonterías creyendo que nadie escucha.

Transmisión desde exteriores

Trasladar la televisión fuera del estudio es más fácil de lo que parece. La galería entera puede meterse en un vehículo llamado scanner y transportarse a donde sea necesario hacer el programa. Una gran unidad de transmisión en exteriores parece un circo ambulante.

La unidad de transmisión en exteriores

El personal es casi el mismo que en un estudio normal. Hay ingenieros, el director, iluminadores y conductores. Éstos conducen el scanner, y el generador móvil si no hay energía eléctrica en el lugar. También pueden conducir otros vehículos de apoyo, algunos de ellos con máquinas de vídeo que pueden grabar material y montarlo sobre el terreno.

Los ingenieros tienen una responsabilidad complementaria en exteriores. Tienen que encontrar un punto adecuado para la antena que ha de enviar las imágenes al estudio de televisión, de donde a su vez serán emitidas a todo el país. Algunos vehículos llevan una antena de plato. Si la señal es bloqueada por edificios, los ingenieros quitan el plato y lo montan en una posición elevada.

Deportes y noticias instantáneas

Cuando los productores de televisión descubrieron la emoción de sacar la maquinaria al exterior, proliferaron los programas de ese tipo, emitiendo desde montañas, aeronaves y buques. Actualmente la transmisión desde exteriores suele reservarse para acontecimientos que no pueden tener lugar en el estudio, como son los deportes.

Uno de los más interesantes efectos del rodaje en exteriores es que a veces la historia se produce en directo en la televisión. La muerte de un presidente, el astronauta en la Luna, la caída de un récord. La transmisión del exterior es una magnífica ayuda para el locutor, y esta clase de reportajes se hace cada vez más. Los nuevos adelantos en la electrónica del vídeo han dado lugar a equipos más pequeños y mejores, de modo que las unidades de exterior pueden enviar al estudio mejores imágenes y mucho más rápidamente.

▼ Un equipo móvil de ENG. El material grabado puede enviarse rápidamente a los estudios, o bien montarse sobre la marcha y transmitirse desde la antena portátil.

▶ Unidad de transmisión desde exterior. El vehículo scanner alberga los monitores y un pupitre de mezcla. La antena envía las imágenes al estudio.

Recogida electrónica de noticias

La introducción de la recogida electrónica de noticias (ENG) está sustiyendo a la cobertura con película, sobre todo en Estados Unidos. Para la ENG se usa una cámara portátil de vídeo. A veces se usa como película: se rueda, se lleva a los estudios y se monta. Otras veces se monta sobre la marcha y con mucha frecuencia se transmite en directo para boletines de noticias.

Los camiones de ENG llevan una antena plegable para enviar la imagen, y máquinas de montaje para la cinta de vídeo. Pueden utilizarse dos cámaras unidas por cable al camión, o bien funcionar separadas de él usando baterías. Éste es el sistema ENG.

El ENG es muy útil en situaciones difíciles, como los disturbios callejeros. Mientras el camión queda estacionado a salvo en una calle lateral, el operador y su grabador de sonido se desplazan rápidamente tomando imágenes en vídeo. En pocos segundos se saca la cinta del tomavistas, y en cuanto el equipo vuelve al camión, transmite las imágenes a la emisora.

Unidad de transmisión desde exteriores
Cámara
Antena de transmisión
Vehículo scanner
Generador de corriente
Unidad de aire acondicionado
Monitores de visión
Ventiladores para refrigeración del equipo electrónico
Control de producción
Estudio aislado acústicamente
Cables de corriente, sonido y visión
Micrófono
Señal al transmisor portátil
Cámara
50
5

Satélites y cable

La familia del futuro tendrá muchos canales de televisión, comparados con los que ahora tenemos a nuestro alcance. Hay tan pocos porque los canales nacionales están duplicados por todo el país, lo que agota las frecuencias disponibles. Para tener más canales han de usarse otros métodos, como señales transmitidas por satélite o canalizadas por cable hasta las casas.

Transmisión de imágenes por satélite

Los satélites se usan por las televisiones de todo el mundo, sobre todo para noticias y deportes. La transmisión por satélite es como pasarle una pelota al compañero haciéndola rebotar en el techo. La emisora de televisión envía su imagen a una estación en tierra, que a su vez la lanza hacia un satélite. Éste la devuelve a la estación en tierra del país al que va dirigida la señal. De aquí pasa a la emisora de TV por líneas de superficie o por nueva transmisión con antenas de microondas. Entonces la imagen se envía a los transmisores y finalmente a los televidentes.

Los satélites internacionales son como aviones con reserva de vuelos. La mayor parte de su tiempo disponible está reservada por las tres grandes cadenas de televisión de los EE.UU.: NBC, CBS y ABC. Con frecuencia reservan más tiempo del que necesitan, para evitar competencia. Las compañías más pequeñas del resto del mundo pueden «alquilar» tiempo. Supongamos que una red estadounidense tiene reserva para obtener imágenes de una prueba deportiva en Turquía. Los países europeos pueden conseguir una derivación de esas imágenes a sus propias estaciones en tierra.

Los satélites de transmisión directa (DBS) funcionan de manera parecida, pero producen una señal mucho más fuerte. Para recibir imágenes de un satélite internacional se necesita un plato receptor más grande que una casa. Para conseguir imágenes de DBS, basta un plato de un metro de diámetro. Se necesita permiso para colocarlo correctamente en nuestra vivienda y una costosa modificación del televisor.

Televisión por cable

También se prevé una gran extensión de la televisión por cable. Esta idea no es nueva. Se usa por todos los Estados Unidos. En algunas partes de Gran Bretaña, como el sur de Gales, siempre han recibido imágenes por cables subterráneos, porque las montañas interfieren con las señales aéreas.

Los cables coaxiales de cobre transportan las imágenes y el sonido televisivos en forma de señales eléctricas. Estas señales han de reforzarse cada pocos kilómetros. Ahora hay un nuevo tipo de cable llamado de fibra óptica. Está constituido por manojos de vidrio estirado que pueden transportar señales ininterrumpidamente a lo largo de distancias mayores. Las señales eléctricas se convierten en pulsaciones de luz que se desplazan a lo largo de delgadas fibras de vidrio dentro del cable. Cada cable puede transportar muchos canales de televisión.

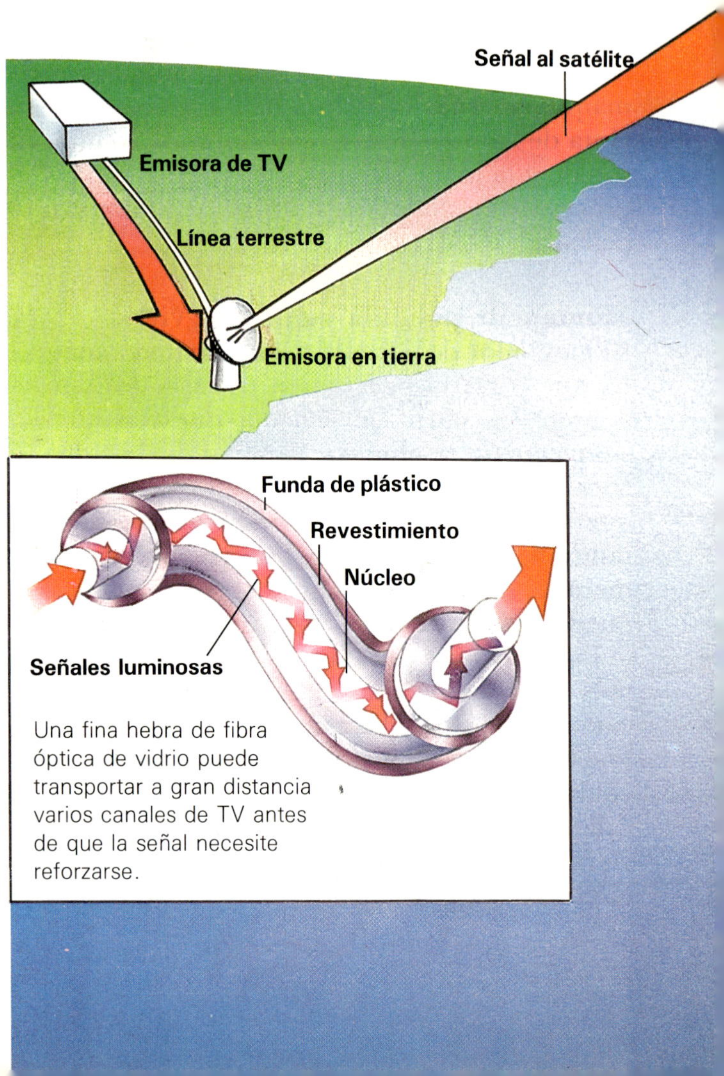

Una fina hebra de fibra óptica de vidrio puede transportar a gran distancia varios canales de TV antes de que la señal necesite reforzarse.

Las cám
de man
controle
en cuer
apertura
cantida
la cáma
puede s
manual

Lente

Anillo de

Salida

Otro
''equ
para
difer
luz.
bara
mar
sien
pan
ajus
con
fabr

nes en miniatura podrían resultar igua
frustrantes.

Televisión en 3-D

La televisión tridimensional funciona en
dos cámaras al mismo objeto desde
diferentes y superponiendo luego las dos
nes. Así se puede apreciar la profundida
objetos parecen salir a nuestro encuentr
la pantalla.

La fotografía tridimensional se ensa
muchos años en el cine, y recientem
vuelto a ser popular en Estados Unidos
a los nuevos equipos desarrollados. Hay
demanda de ella para películas de terror
resulta realmente emocionante imagina
vampiro se nos echa encima desde la p

El mayor problema de la fotografía e
que el ojo necesita ayuda para juntar
imágenes, y por el momento los televide
de llevar gafas especiales. El problema e

Ya se encuentran aparatos de TV con pantalla grande, pero cuestan muchas veces más que uno ordinario. Como toda la televisión en pantalla grande está basada actualmente en la ampliación de una imagen existente, la calidad no es buena. Pronto podría llegar el adelanto real, con auténtica TV de pantalla grande.

Pantalla

Imagen

Espejo

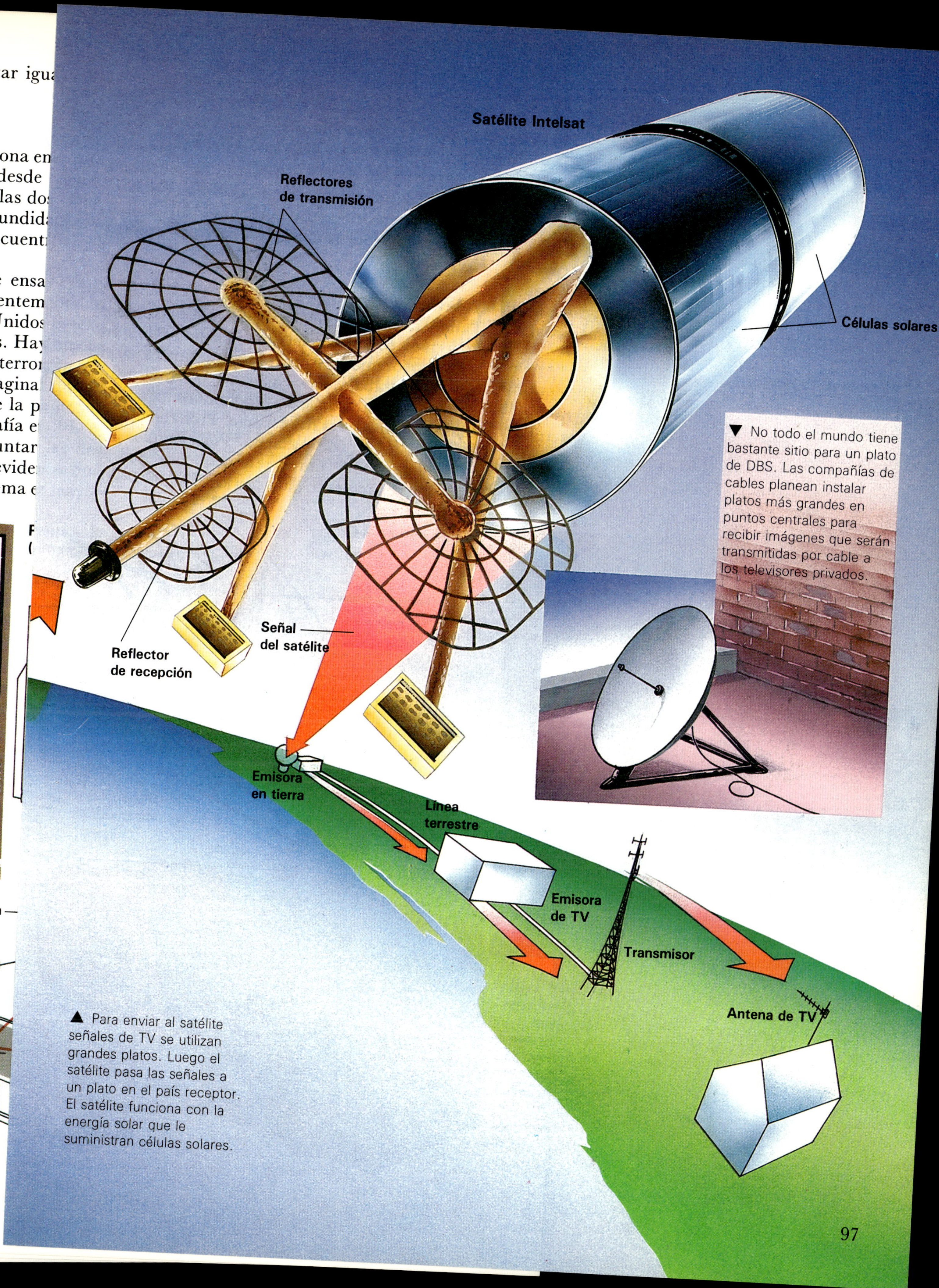

▼ No todo el mundo tiene bastante sitio para un plato de DBS. Las compañías de cables planean instalar platos más grandes en puntos centrales para recibir imágenes que serán transmitidas por cable a los televisores privados.

▲ Para enviar al satélite señales de TV se utilizan grandes platos. Luego el satélite pasa las señales a un plato en el país receptor. El satélite funciona con la energía solar que le suministran células solares.

Confección de un vídeo: rodaje

El principiante debe empezar haciendo vídeos en el jardín, un día de sol. Se conecta la cámara a la red mediante una extensión. Un adulto debe comprobar que los enchufes y conexiones son seguros.

Uso del micrófono

El micrófono debe estar conectado a la grabadora de vídeo, en el interior de la casa, por medio de un cable extensor. El mejor método para rodar teatro es atar el micrófono a un palo. El encargado del sonido puede mantenerlo así sobre la cabeza de los actores, cuidando de que esté suficientemente bajo para captar el sonido, pero también que no entre en el campo de la imagen. El encargado de continuidad debe comprobar que los actores se saben sus papeles.

Uso de la cámara

El operador debe intentar sentarse frente a los actores o apoyarse contra una pared para mantener fija la cámara. Cuanto menos movimiento tenga la cámara, más profesional resultará el vídeo. Cuídese de que el sol no esté detrás de los sujetos, pues de lo contrario la imagen saldrá negra.

El operador debe practicar distintas tomas, como el sostenido, el recorrido horizontal, el zoom y el recorrido vertical. Para el sostenido, apuntar firmemente la cámara hacia el objeto sin mover la cámara ni el control de zoom. Para el recorrido horizontal, describir ese movimiento de izquierda a derecha, o viceversa. El vertical es análogo, pero en ese sentido. Apretando la tecla del zoom nos aproximamos o nos alejamos del objeto. El zoom sólo debe usarse en caso necesario. Incluso entre profesionales hay tendencia a usarlo demasiado.

Como la imagen tiembla durante unos segundos después de poner la cámara en marcha, hay que rodar las escenas en el orden correcto. Se usa el botón de espera para cambiar una toma cuando no se puede hacer un recorrido o un zoom.

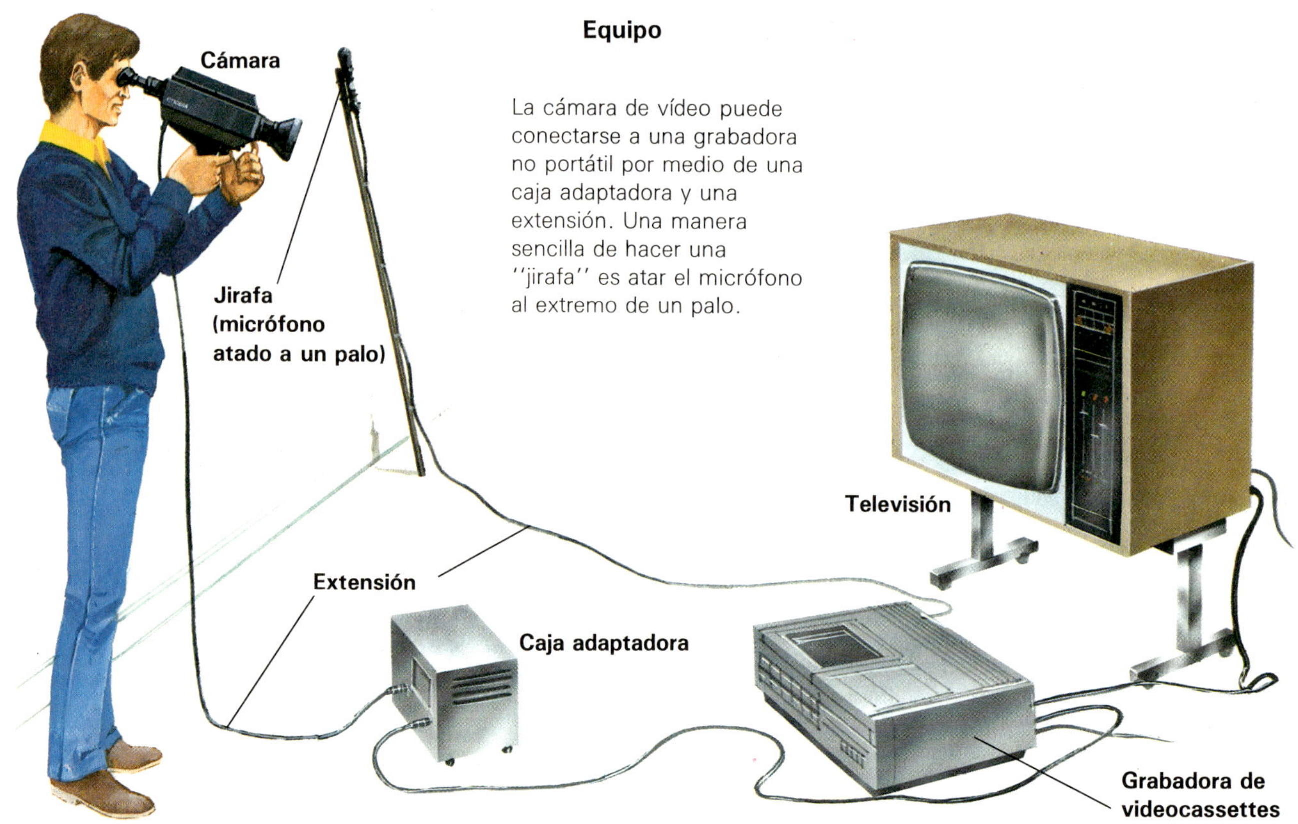

La cámara de vídeo puede conectarse a una grabadora no portátil por medio de una caja adaptadora y una extensión. Una manera sencilla de hacer una ''jirafa'' es atar el micrófono al extremo de un palo.

Toma larga

▲ Para sostener, apuntar firmemente la cámara al objeto. Una toma larga muestra detalles del fondo.

Toma media

▲ Una toma media muestra más del objeto y suprime algo del fondo.

Primer plano

▲ El primer plano suprime el fondo y se concentra en el objeto.

Recorrido horizontal

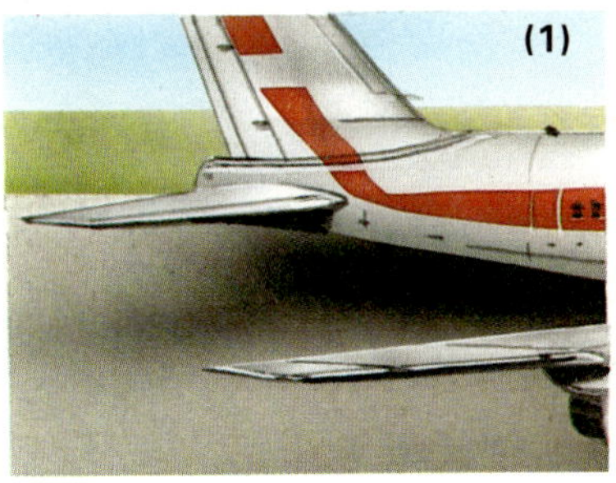

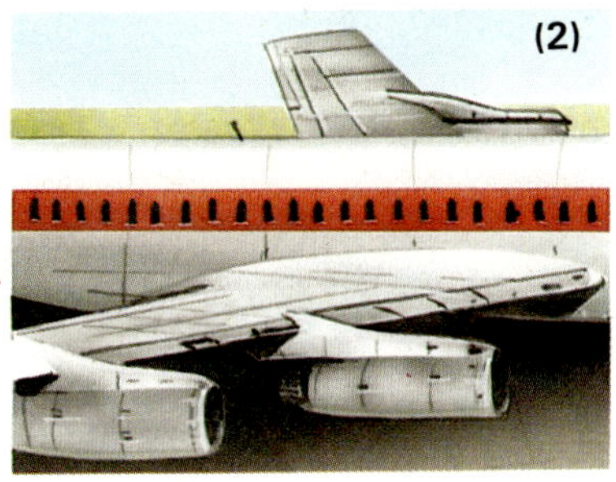

Recorrido vertical

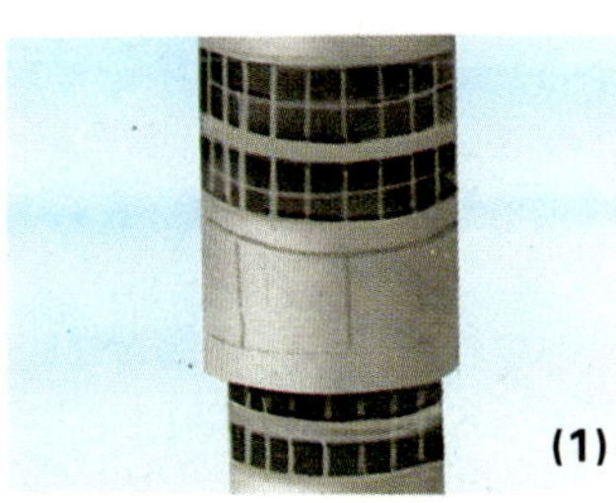

▲ Para hacer un recorrido horizontal, se mueve la cámara de esa manera de un extremo a otro del objeto. No debe hacerse el movimiento demasiado rápido.

▶ El zoom nos permite aproximarnos al objeto o alejarnos de él sin mover la cámara. Sólo debe usarse en caso necesario.

◀ El recorrido vertical es análogo al horizontal, pero de arriba abajo, o viceversa, y es apropiado para objetos muy altos.

Zoom

Utilización del vídeo

Hoy día el uso más común del equipo de vídeo es la seguridad. Ya nos hemos acostumbrado a que nos vigilen las cámaras de Televisión, en supermercados, tiendas, entidades de crédito, centros oficiales, etc. El antiguo comercio, donde el dependiente se quedaba detrás del mostrador y entregaba cada artículo al cliente, no necesitaba un cámara «espía». Pero los supermercados modernos están diseñados para tentarnos a coger cosas y pagarlas más tarde. ¡Desgraciadamente, algunos también tienen la tentación de no pagar!

La seguridad y la Ley
Las cámaras de seguridad son pequeñas, sencillas, y suelen dar imagen en blanco y negro. Están conectadas a un monitor, no a un receptor de televisión, que puede supervisar el personal de seguridad de la tienda. Los sistemas de cámara también son muy usados en los Bancos.

La tecnología del vídeo se ha introducido ahora en los tribunales, especialmente en América del Norte. Las cámaras son buenos «detectives», y el testimonio que proporcionan es la imagen del delincuente realizando el acto.

▶ La policía usa el vídeo para regulación del tráfico. Con una mirada a las pantallas pueden apreciar cómo se desenvuelve la circulación, y tomar medidas inmediatas si es preciso.

▼ Con ayuda del circuito cerrado de televisión, este empleado de una central nuclear mantiene una vigilancia constante del almacenamiento de materiales radiactivos peligrosos.

Las cámaras de vídeo pueden proteger también a sospechosos que hayan sido detenidos. Una entrevista en la comisaría puede filmarse con un reloj al fondo para evitar montajes o modificaciones.

La seguridad doméstica también puede mejorarse con cámaras de vídeo. Algunos ayuntamientos las han instalado a la entrada de bloques de apartamentos para combatir el vandalismo y las agresiones a ancianos. Esas cámaras están conectadas a un canal por cable de los televisores del edificio, de manera que los residentes puedan ver a los que entran y salen.

Enseñanza y entrenamiento

La enseñanza por vídeo será tan importante como la seguridad. Las operaciones quirúrgicas, por ejemplo, pueden ser observadas por muchos estudiantes de medicina a la vez. Los médicos también encontrarían de gran ayuda tener una información en vídeo de sus pacientes, en vez de simples notas escritas. Los enfermos hospitalizados y los recién nacidos que están en incubadoras pueden estar vigilados por pantalla aunque la enfermera no esté en la sala.

Empresas y organizaciones de todo tipo pueden grabar su trabajo y usar las cintas para entrenar al nuevo personal. Los entrenadores de deportes y los maestros de danza encuentran ya muy útil el vídeo. Pueden filmarse primeros planos de los movimientos y luego pasarlos en cámara lenta para ver cómo pueden mejorarse. Los equipos deportivos pueden usar el vídeo para reconstruir un partido y estudiar los errores cometidos. Si hay quejas después de una carrera de caballos, el vídeo puede utilizarse para ver si determinado jinete ha actuado correctamente.

Los agentes inmobiliarios han empezado a usar cintas de vídeo para vender casas. En lugar de mirar fotos y luego ir a ver muchas casas, los clientes pueden ver una película de vídeo para tener una idea mejor de cómo se viviría en las casas ofrecidas. En media hora pueden «visitar» muchas casas y escoger las pocas a las que realmente les interesa ir.

El futuro

Quizá los vendedores puerta a puerta del futuro nos pasen una cinta en lugar de llevar pesadas muestras de los artículos. Los catálogos pueden transformarse en programas de televisión, bien para pasar en televisión por servicios especiales, bien para verlos en la tienda.

Con todas estas posibilidades ¿podríamos convertirnos en una sociedad en la que todo el mundo esté «vigilado», le guste o no? Es una pregunta inquietante a la que no hay respuesta fácil. Tendremos que estar seguros de que cuando nos vigilen sea por muy buenas razones.

◀ Los bailarines en formación o los que ensayan nuevos papeles pueden ser filmados en vídeo. Viendo la película pueden estudiar su actuación y mejorarla.

▼ Muchas organizaciones utilizan ya el vídeo para formar nuevo personal. Grabando en cinta conferencias y demostraciones, pueden pasarse muchas veces a diferentes grupos.

Glosario

Microordenadores

Acoplador acústico Equipo que convierte señales de ordenador en señales telefónicas y viceversa.
Álgebra de Boole Reglas de lógica usadas por los microordenadores para tomar decisiones basadas en la información.
Binario Los microordenadores usan un código binario para representar los encendidos y apagados de voltajes eléctricos.
Bit Espacio necesario para un 0 o 1 binarios.
Bugs Errores de un programa.
Byte Ocho bits (generalmente espacio suficiente para una letra o un número).
Cinta Se usa como dispositivo de almacenamiento de los microordenadores. La información se graba en la superficie magnética de la cinta.
Código de máquina Lenguaje que usan los ordenadores. Los compiladores y traductores convierten los lenguajes de programación al código de máquina.
Compilador Traductor automático que convierte los programas al código binario del microordenador.
Consulta de datos Sistema que conecta aparatos normales de televisión a ordenadores a través de líneas de teléfono para acceder a información.
Coordenadas XY Para situar un punto en la pantalla o en una hoja de papel, suele rucurrirse a las coordenadas X e Y. La X indica el desplazamiento horizontal, y la Y el vertical. Donde se encuentran los dos, está el punto deseado.
Chips de silicio Pequeñas piezas de silicio diseñadas para albergar los circuitos electrónicos que almacenan y procesan la información que pasa por el microordenador.
Datos Información que se introduce en el microordenador.
Diagrama Procedimiento útil para descomponer un problema en pasos que el ordenador tendrá que seguir para resolverlo.
Digitalizador Dispositivo usado para introducir dibujos en el microordenador.
Disco Los discos duros y los diskettes *(floppy disk)* pueden utilizarse para almacenar datos cuando la memoria principal del ordenador está llena.
Entrada Suministro de información al microordenador. Los dispositivos de entrada son máquinas que realizan ese suministro.
Grupo de usuarios Grupo de personas interesadas en los microordenadores (generalmente usan el mismo tipo de máquina). Escribiendo al fabricante se obtiene la dirección del grupo de usuarios más próximo. Si no existe, puede iniciarse uno.
Hardware Lo que se puede ver y tocar del microordenador.
Impresoras Dispositivos usados para obtener la salida del ordenador sobre papel en forma de palabras o números.
Inteligencia artificial Intento de que los ordenadores piensen por sí solos. Esta tecnología está dando sus primeros pasos.
Interfaz Si se han de conectar dos partes del equipo, tienen que usar el mismo código; las interfaces deben casar.
K Abreviatura de kilo, que significa mil. Generalmente se refiere a kilobyte cuando se usa en relación con los ordenadores. Un kilobyte equivale a unos mil bytes.
Lápiz luminoso Parece un lápiz, pero tiene punta sensible a la luz. Puede usarse para hacer dibujos sobre una pantalla.
Lenguajes de alto nivel Lenguajes de programación que se parecen al inglés ordinario.
LSI Significa Integración a Gran Escala (Large Scale Integration) y se usa en relación con los chips de silicio. Se refiere al hecho de que hay muchos pequeños transistores incrustados en la superficie de un chip. VLSI significa Integración a Muy Grande Escala (Very Large S. I.).
Mega Abreviatura de millón. Un megabyte, por ejemplo, es un millón de bytes.
Memoria principal La que usa la CPU para resolver rápidamente sus necesidades inmediatas. La CPU de un microordenador no puede conservar ninguna información sin la memoria principal.
Microelectrónica Conjunto de productos que se encuentran en los chips de silicio.
Microprocesador Tipo de chip de silicio fabricado para actuar como una CPU.
Modem Semejante a un acoplador acústico, pero más complicado.
Palabra El número de bits (0 y 1 binarios) que un microordenador puede manejar de una vez depende de la longitud de sus palabras. Suele ser de ocho bits, es decir, de un byte.
Paquetes Programas de software ya confeccionados.
Periférico Cualquier dispositivo que pueda conectarse al microordenador.
Prestel Nombre que da la British Telecom a su sistema de consulta de datos.
Programa Instrucciones de software que le dicen a un microordenador cómo resolver un problema.
Programador Persona que escribe programas de ordenador.
RAM Abreviatura de Random-Access Memory (Memoria de acceso al azar). Es un tipo de chip utilizado en memorias principales. Una Ram de 1 k contiene un kilobyte de memoria principal.
ROM Read-Only Memory (Memoria de solo lectura). Un chip de ROM contiene información que no necesita cambiarse, como los sistemas operativos.
Salida Sistema para sacar la información del microordenador. Puede estar en forma de palabras escritas en papel, dibujos en una pantalla e incluso sonido.
Semiconductor Material que normalmente es mal conductor de la electricidad, pero que tratado permite el paso de la corriente. El silicio es el semiconductor más común empleado en microordenadores.
Sistema operativo Software que informa al microordenador de cómo funcionar. También llamado software de sistemas. Suele estar programado en un chip ROM.
Software Ideas que le dicen al microordenador lo que tiene que hacer. El software está compuesto por los programas.
Teclado Unidad de entrada más común. Parece una máquina de escribir, pero su funcionamiento es mucho más silencioso.
Terminal Cuando el teclado y la pantalla están juntos formando una unidad, a ésta se le suele llamar terminal.
Unidad central de proceso (CPU) Parte de un ordenador que procesa toda la información.
VDU Pantalla o unidad de representación visual. (Visual Display Unit).
VLS Ver LSI.

Robots

Accionador Dispositivo responsable de una acción, por ej. mano de robot, volante de coche, pie de persona.
Androide Máquina que tiene aspecto y comportamiento humanos. La palabra viene de las griegas *andros* (hombre) y *eidos* (forma).
Automatización Proceso de enlazar herramientas y máquinas computerizadas y hacerlas trabajar con el mínimo de intervención humana.
Base de conocimientos Parte de las formas avanzadas de ordenador que contiene datos generales sobre el mundo y los proporciona al resto del ordenador.
Control numérico Proceso mediante el cual máquinas herramientas o robots son controlados por dígitos binarios.
Datos Conjunto de información conocida.
Enseñar haciendo Método de instruir robots en el cual un operador guía a un robot en una cierta acción. El robot recuerda la acción para uso posterior.
Fábrica automatizada Forma avanzada de fábrica. Sólo necesita unas pocas personas para tareas de administración, mantenimiento y control de los ordenadores. Seguramente se extenderán en el siglo XXI.
Feedback *Véase* Retroalimentación.
Grados de libertad Número de planos en los que un brazo de robot, o partes del mismo, puede moverse. La mayoría de los robots tienen seis grados de libertad. El hombre es bastante mejor pues tiene unos treinta.
Integración a muy grande escala Proceso de reunir muchos componentes electrónicos en un pequeño espacio para hacer potentes ordenadores.
Inteligencia artificial (AI) Disciplina mediante la cual los técnicos tratan de que los ordenadores copien los modelos humanos de pensamiento. Ordenadores asistidos por AI se usarán como «cerebros» para futuros robots de la tercera generación.
Mano Parte importante de un brazo de robot. Ningún robot podría funcionar sin ella. Entre ellas están las mangueras de succión, los garfios y las tenazas.
Máquina automática Equipo que opera de acuerdo con una serie fija de instrucciones. No hay que confundirlas con los robots. Entre las máquinas automáticas están aparatos tales como los relojes y los semáforos.
Máquina herramienta Aparato industrial que corta, afila, perfora o que de cualquier otra manera da forma a piezas de metal, madera o plástico. Las más recientes máquinas herramientas están controladas por ordenadores y alimentadas por robots.
Mecanización Primera etapa en el proceso por el cual las máquinas se hacen cargo del trabajo humano. Esta palabra se popularizó en la «era de la fábrica», de la mano de la Revolución Industrial.
Memoria Parte de un ordenador usada para contener o «almacenar» programas y datos.
Milacron de Cincinnati Una forma popular de robot industrial.
Proceso de datos Conversión, por medio de un ordenador o dispositivo análogo, de una información en otra información útil.
Programa Secuencia de instrucciones que controla la actuación de un ordenador. Todos los robots están controlados por ordenadores.
Retroalimentación Mecanismo por el cual una secuencia de acontecimientos influye en la acción. Un buen ejemplo de aparato con retroalimentación es el termostato. Los termostatos responden al calor y pueden usarse para controlar automáticamente la temperatura de los sistemas de calefacción central.
Robot La definición moderna es un brazo mecánico controlado por ordenador de manera que pueda copiar las acciones del hombre de manera flexible y universal. Sin embargo, el término puede tomarse en sentido amplio aplicado a cualquier máquina que copia a los seres humanos en aspecto o acción. La palabra «robot» viene del checo *robota,* que significa «servidumbre».
Robot con visión Robot con una cámara de televisión que le permite «ver» lo que hace.
Robot de la primera generación Tipo más común de robot, en el cual una serie de instrucciones controla el brazo. No tienen ningún refinamiento y carecen de «sentidos».
Robot de la segunda generación Robot con uno o más enseres.
Robot de la tercera generación Robot con inteligencia artificial.
Robot espacial Un dispositivo robótico especialmente construido para funcionar fuera de la atmósfera terrestre.
Robot hidráulico Máquina en la cual la mano y el brazo del robot están impulsados por líquido a presión que actúan sobre articulaciones mecánicas.
Robot neumático Robot impulsado por el movimiento de aire comprimido.
Sensor Aparato que proporciona información del entorno a una persona o una máquina. Son importantes sensores humanos los ojos, oídos, nariz y terminaciones nerviosas. En los robots son tipos comunes de sensores las cámaras de TV y los de fuerza o presión.
Sistema binario Código de 0 y 1 que constituye un «lenguaje» de ordenador.
Sistemas flexibles de fabricación Serie de robots y máquinas herramientas que producen muchos tipos diferentes de piezas bajo el control de un ordenador.
Telemanipulador Brazo mecánico controlado continuamente por un operador. No hay que confundirlo con los robots, que están controlados por ordenadores.
Terminal Unidad conectada a un ordenador para alimentar información o para acceder a ella. Entre ellas están los teclados y las unidades de representación visual (pantallas).
Unidad central de proceso Parte de un ordenador que procesa las instrucciones de un programa.
Unidad de control Parte vital de un robot que le ordena lo que ha de hacer. Suele ser un ordenador.
Unidad de representación visual (VDU) Tubo de rayos catódicos, como los de TV, para representar la salida de un ordenador.
Unimate Forma popular de robot fabricada por la empresa estadounidense Unimation.

Sistemas de sonido

AC Corriente alterna
Acústica Ciencia del sonido. En lenguaje habitual suele referirse a las condiciones sonoras de los locales.
AFC Control automático de frecuencia. Un circuito que controla la deriva en sintonizadores de FM.
AM Modulación de amplitud. Forma común de radiodifusión en la cual la frecuencia portadora es constante y varía la amplitud portadora.
Ambisonics Sistema de grabación y reproducción del sonido que proporciona sonido «total»; es una mejora del estéreo.
Amplificador Dispositivo electrónico para aumentar, y generalmente controlar, señales eléctricas. Al principio se usaron válvulas termoiónicas, pero ahora se usan transistores y circuitos integrados.
Antena Dispositivo para interceptar señales de radio y enviarlas a un sintonizador o receptor. Puede ser un cable, una barra de ferrita o un dipolo sintonizado.
Aux Entrada auxiliar, por ejemplo en un amplificador. Acepta una señal más, tal como la salida de una cassette.
AVC Control automático de volumen (en un aparato de radio).
Baffle Panel en el que se monta un altavoz para aislar las partes frontal y trasera del diafragma.
Baffle infinito Tipo de altavoz en el cual se impide que las ondas sonoras de detrás del cono lleguen a su parte frontal.
Bajo Extremo inferior del campo de frecuencias (por debajo de 150 hertzios).
Binaural Sonido en dos canales, cada uno de los cuales se escucha por un solo oído, como con los auriculares.
Bit Señal digital. Se deriva de las palabras «binary digit» (dígito binario).
Cable coaxial Cable o alambre que consta de un conductor interior y una pantalla exterior. Empleado para algunas conexiones aéreas.
Cápsula fonocaptora Elemento de captación de un tocadiscos que genera voltajes para alimentar un amplificador.
CB Banda ciudadana.
CD Disco compacto.
Circuito integrado (IC) Bloque sólido que contiene las funciones de numerosos transistores y de otros componentes electrónicos.
Compatible (1) Señal de radio estereofónica en FM que puede recibirse como mono por un sintonizador, (2) disco estéreo que puede tocarse en tocadiscos mono, (3) capacidad de conectar varias unidades en un sistema, sin disparidad eléctrica.
Cuadrafonía Sistema que usa cuatro canales para crear un campo sonoro de 360° alrededor del oyente.
DC Corriente continua.
Desimantador Aparato que elimina el magnetismo indeseable de cintas o de cabezas de grabación.
DIN Abreviatura de *Deutsche Industrie Normen.* Normas alemanas para equipos de alta fidelidad, enchufes y conectores.
Distorsión Cualquier diferencia en la reproducción del sonido respecto a la fuente original. En la grabación y reproducción de sonidos se presentan muchas formas de distorsión.
Doblaje Copia de cintas o discos de versiones previamente grabadas.
Electrostático (ELS) En hi-fi se refiere a altavoces y auriculares que usan placas fijas y móviles a través de las cuales se aplica una carga de alto voltaje.
Enchufe fono Enchufe coaxial usado para conectar entre sí distintas partes del equipo de hi-fi.
Equilibrio Niveles relativos de volumen entre los canales de un sistema estereofónico. También el volumen entre los campos de frecuencia alta y baja.
Estado sólido Circuitos que usan semiconductores, como los transistores y los circuitos integrados.
Estereofónico (estéreo) Sonido grabado y reproducido en dos canales.
Filtro Circuito eléctrico que suprime o reduce una cierta parte del campo de audiofrecuencia.
FM Forma de radiodifusión en la cual la amplitud de la portadora es constante pero varía la frecuencia. La FM proporciona un amplio campo de respuesta y ausencia de ruidos.
Frecuencia audio Frecuencia dentro del campo del oído humano (de 20 a 20.000 hertzios).
Hertzio (Hz) Unidad de medida de la frecuencia de un sonido. Una frecuencia de un hertzio equivale a un ciclo (onda sonora completa) por segundo. Un kilohertzio (KHz) equivale a 1.000 hertzios.
Interferencia Paso de señales entre dos canales de un sistema estéreo.
Modulación Control de una señal por otra, alternando la amplitud o la frecuencia de la señal «portadora».
Oscilación Variación rápida de la velocidad de un mecanismo de cinta o de plato. Causa un temblor o «lloro» del tono musical.
Reflex bajo Tipo de altavoz con un conducto en la cara para usar el efecto resonante de las ondas sonoras dentro de la caja.
Sistema Dolby Circuitos de reducción de ruido usados para eliminar silbidos y ruidos en aparatos de cinta.
Teclas de contacto Las que no necesitan mucha presión para actuar.
Tiple Extremo superior del campo de sonido.
Transductor Aparato para convertir una forma de energía en otra, p. ej. los altavoces.
Transistor de efecto de campo (FET) Tipo especial de transistor que amplifica el voltaje, no la corriente.
VHF Muy alta frecuencia. Radiofrecuencias entre 30 y 300 MHz.

Televisión y vídeo

Auricular invisible Lo llevan los presentadores de programas de TV para recibir instrucciones del director.
Ayudante de producción Persona responsable del cronometrado en la galería. Se asegura de que todo empieza y acaba a su tiempo, y de que las partes grabadas se mezclan fluidamente con las en directo.
Cable coaxial Cable consistente en un tubo de material conductor de electricidad dentro del cual hay un conductor central. El conductor central está aislado del tubo. Estos cables se emplean para transportar señales de muy alta frecuencia como las usadas en televisión.
Cable de fibra óptica Fibras muy delgadas de vidrio agrupadas para formar un cable, capaz de transportar un número muy grande de canales de TV. Las señales de TV viajan a través del cable como impulsos de luz. Pueden recorrer largas distancias antes que necesiten ser realimentadas.
Canal Las señales de televisión viajan por el aire en un número limitado de frecuencias. A cada canal de TV se le asigna una frecuencia diferente.
Cañones de electrones En un televisor, los cañones de electrones disparan éstos a través de las ranuras de la rejilla, contra los puntos de fósforo de la pantalla. Esto hace brillar los puntos de fósforo con el color correspondiente, produciendo la imagen. En una cámara de televisión, los cañones de electrones disparan éstos contra el anticátodo para explorar la trama de la imagen y convertirla en señales eléctricas.
Circuito cerrado de TV Sistema visual sin transmisión. Las imágenes se representan en un monitor en lugar de un receptor de TV.
Conductor Persona que conduce el vehículo para rodaje de exteriores (el scanner) y hace muchas de las tareas pesadas que lleva consigo la preparación de una transmisión exterior.
DBS Abreviatura de satélite de transmisión directa. Un DBS emite una señal suficientemente fuerte para que la reciba una antena doméstica de plato.
Desplazamiento Movimiento de la cámara adelante, atrás o a los lados sin usar el zoom.
Disco de vídeo Disco en el cual están registrados sonidos e imágenes que se reproducen por medio de un tocadiscos de vídeo.
Eastman Color Película de 16 mm que produce una imagen negativa, de la cual se hacen copias para transmisión.
Ektachrome Nombre usual de la película de 16 mm que produce sólo una imagen positiva.
Emisión desde exteriores («outside») Programas de TV realizados fuera del estudio de televisión. Estos programas pueden incorporarse a la red normal mediante una antena portátil.
ENG Abreviatura de recogida electrónica de noticias. El equipo de noticias lleva una cámara electrónica portátil conectada por cable a una grabadora de vídeo.
Equilibrio de color Mecanismo de color de la cámara de TV que le permite ser ajustada para diferencias de luz en interiores y exteriores.
Estación repetidora Las señales de televisión se debilitan a medida que se alejan de los transmisores. Las estaciones repetidoras las captan, las refuerzan y las vuelven a emitir.
«Flats» Ver trasto.
Galería Sala de control en un estudio de TV, donde está el pupitre de mezcla y los monitores.
Mezclador de visión Persona que se sienta junto al director en la galería. Acciona los mandos que regulan las fuentes de imagen.
Micrófono Sirve para transformar los sonidos en señales eléctricas. De este modo, las ondas sonoras pueden grabarse y luego transmitirse mediante un altavoz.
Milímetro Unidad de medida tradicional para la anchura de una película. Las que se utilizan para grabar los programas de TV son normalmente de 16 mm.
Monitor Pantalla utilizada para visionar en circuito cerrado. A diferencia de los equipos domésticos de TV, los monitores no reciben la información a través de antena, sino por cable.
Ondas portadoras Las generadas para transportar señales de sonido e imagen por el aire.
Presentador Persona que aparece en pantalla en muchos programas de televisión para presentar diversos temas y personas.
Programador de canal Unidad electrónica de control que hay en las grabadoras de vídeo. Les permite parar, arrancar y cambiar de canal con un control de tiempo.
Puntos de fósforo Se utilizan para cubrir el interior de una pantalla de TV. Los puntos de fósforo reflejan un color cuando reciben el impacto de los electrones, formando así una imagen en color.
Pupitre de mezcla Centro de control en el que diferentes fuentes de imágenes pueden ser visionadas en monitores. El director escoge una de las tomas para ser transmitida, y la cambia por otra cuando lo juzga conveniente.
Realizador Eslabón humano entre la galería de TV y el plató. El productor usa auriculares para oír las instrucciones del director, que está en la galería.
Satélite Los satélites de comunicaciones captan señales de TV y telefónicas emitidas desde la Tierra, las amplifican y las transmiten a estaciones receptoras situadas a miles de kilómetros de la emisora.
Señal de crominancia Señal de color producida por una cámara de TV. Está compuesta por los colores primarios de la luz: rojo, verde y azul.
Señal de luminancia La señal en blanco y negro producida por una cámara de TV. Puede producirse mediante un tubo especial, o por los tubos de color.
Sintonizador Mecanismo dentro de un televisor que se usa para seleccionar diferentes señales y enviarlas a las teclas de canal del aparato.
Televisión por cable Método de transportar imágenes y sonido de televisión a través de cable. El cable puede ser subterráneo o ir colgado de los postes de telégrafo.
Transmisor Centro de comunicaciones con un mástil muy alto, usado para lanzar al aire señales de televisión.
Trasto *(Flats)* Decorado móvil utilizado en los estudios de TV.
Tridimensional (TV) Método de hacer más real una imagen proyectándola desde dos direcciones diferentes y superponiendo las dos imágenes.
Tubo de rayos catódicos Tubo de vacío, de vidrio, que hay en los televisores. Tiene un extremo ancho (la pantalla) y otro delgado que contiene los cañones de electrones.
Videocassette Rollo de cinta magnética encerrado en un estuche, para registrar mediante grabadoras domésticas o comerciales de vídeo.
Zoom Obtención de una imagen más próxima o más lejana del objeto actuando sobre una lente pero sin mover la cámara.

RECONOCIMIENTOS

Tema: MICROORDENADORES

Plessey Semiconductors Ltd; 11: Intel Corp; 13: Plessey Semiconductors Ltd; 23: Hewlett Packard Ltd; 24: Atari; 28 arriba: Commodore Computers Ltd; 28 abajo: Atari; 33 arriba: Redifusion Computers Ltd; 33 abajo: Atari.

Investigación gráfica: Penny Warn

Tema: ROBOTS

Hitachi Ltd; 34: Cincinnati Milacron; 35 izquierda: Trallfa Nils Underhang A/S; 35 derecha: British Robot Association; 36: UK Atomic Energy Authority; 38: British Leyland; 41: Devilbiss Co. Ltd; 42 abajo: Autoplace Inc/Visual Arts; 43 derecha: Hitachi Ltd; 44: UK Atomic Energy Authority; 46-47: NASA; 48: National Film Archive; 49 arriba izq.: BBC Copyright Photograph; 49 abajo izq.: Cortesía de Lucasfilm UK Ltd; 49 derecha: Clayton Bailey; 50: Dept. of the United States Navy.

Investigación gráfica: Jackie Cookson

Tema: SISTEMAS DE SONIDO

BBC; 72: David Redfern; 73 arriba: John Price Studios/EMI; 73 abajo: SARM Studios; 76: BBC; 77: BBC; 80: British Telecom; 81: J. Allan Cash.

Investigación gráfica: Penny Warn

Tema: TELEVISION Y VIDEO

TVS; 88-89: SFP/Jean-Claude Pierdet; 90: TVS; 91: ITN; 92: SFP/Jean-Claude Pierdet; 94-95: TVS; 98 izq.: Gretag Elektronik GMBH; arriba: Metropolitan Police, New Scotland Yard; 106 abajo: UK Atomic Energy Authority; 107 arriba: ZEFA; 107 abajo: SONY (UK) Ltd.

Investigación gráfica: Jackie Cookson

Los editores quieren agradecer la ayuda en la preparación de este libro a los siguientes:

MICROORDENADORES: Alan Rudge, Department of Design Research, Royal College of Art, Alphatronic Microprocessor Applications Ltd.; Atari International Inc.

ROBOTS: British Robot Association; Taylor Hitec Ltd.; University of Warwick Robot Laboratory.

TELEVISION Y VIDEO: David Gwyn Jones; Roger Andrew Mintern; Mullard Limited; Philips Electronics.